"十三五"国家重点图书出版规划项目
改革发展项目库2017年入库项目

"金土地"新农村书系·家畜编

华南地区牛羊

常见病诊治彩色图鉴

翟少伦　主编

SPM 南方出版传媒
广东科技出版社 | 全国优秀出版社
·广　州·

图书在版编目（CIP）数据

华南地区牛羊常见病诊治彩色图鉴 / 翟少伦主编. —广州：广东科技出版社，2018.6

（"金土地"新农村书系·家畜编）

ISBN 978-7-5359-6943-9

Ⅰ. ①华… Ⅱ. ①翟… Ⅲ. ①牛病 - 诊疗 - 图集②羊病 - 诊疗 - 图集 Ⅳ. ① S858. 23-64 ② S858. 26-64

中国版本图书馆 CIP 数据核字（2018）第 082238 号

华南地区牛羊常见病诊治彩色图鉴

Huanan Diqu Niu Yang Changjianbing Zhenzhi Caise Tujian

责任编辑：罗孝政
封面设计：柳国雄
责任校对：陈峻松
责任印制：彭海波
出版发行：广东科技出版社
（广州市环市东路水荫路 11 号　邮政编码：510075）
http：//www.gdstp.com.cn
E -mail：gdkjyxb@gdstp.com.cn（营销）
E -mail：gdkjzbb@gdstp.com.cn（编务室）
经　　销：广东新华发行集团股份有限公司
印　　刷：珠海市鹏腾宇印务有限公司
（珠海市拱北桂花北路205号桂花工业村1栋首层　邮政编码：519020）
规　　格：889mm×1 194mm　1/32　印张3.75　字数100千
版　　次：2018 年 6 月第 1 版
　　　　　2018 年 6 月第 1 次印刷
印　　数：1~6 000 册
定　　价：29.80 元

《华南地区牛羊常见病诊治彩色图鉴》
组织与编写委员会

序

广东、广西等华南地区光照长，植物生产快，生物量大，草料可以常年生产，有利于发展草食动物。该地区夏季天气炎热，冬季湿冷，牛羊肉具有温补御寒特性，冬季是人们吃牛羊肉的最佳季节，此时，牛羊肉批发市场、火锅店等场所一片欣欣向荣。但是，由于我国大部分牛羊产业分布于北方地区，华南地区的牛羊肉生产能力远远满足不了老百姓的消费需求。一直以来，华南地区发展草食动物受到国家、省、市等各级政府高度关注，并出台了相应的指导意见及惠民政策，加上养殖户养殖热情高涨，广东、广西的牛羊存栏量逐年上升。

华南地区牛羊草食动物发展的同时，也带来了一些问题。盲目的引种、跨地区调运带来了牛羊重大疫病的流行，如2014年以来的小反刍兽疫、2017年以来的山羊鼻内肿瘤病等，都给养殖户带来了巨大的经济损失。此外，华南地区牛羊病技术服务人员少，看病能力不足，牛羊常见病也不能得到有效防治，不及时的确诊给疫病的防治带来难度，同时也导致严重的死亡。如2014年6月暴发的前后盘吸虫病引起近200只种山羊死亡，2015年10月暴发的牛气肿疽引起20多头牛死亡，2016年7月暴发的肝片吸虫病引起40多只山羊死亡，2017年11月暴发的牛巴氏杆菌病引起36头牛死亡。这些产业中出现的问题引起广东省农业科学院的高度重视，成立了牛羊病研究室，组织一批专家开展科学研究和农民培训活动，解决了一些产业中存在的问题。

在动物疫病科学普及和防控培训方面，广东省农业科学院动物卫生研究所科技人员做了大量的工作，编写了一系列的书籍资料供基层使用。翟少伦副研究员一直从事畜禽及宠物病的临床诊断及相应的科研工作，在临床实践中积累了丰富的经验。他编写的《华南地区牛羊常见

1

病诊治彩色图鉴》是继《城市宠物的重要人畜共患病科普手册》后的又一部科普书籍,该书分为三个章节,主要涵盖了华南地区牛羊常见病毒病、细菌病、寄生虫病、内科病、产科病,以及其诊断方法、治疗药物等内容。

我祝贺该书的出版,希望本书有利于基层兽医提升牛羊病防控能力,有利于养殖户科学养殖,最终保障广东乃至华南地区牛羊畜牧业的健康发展。

广东省农业科学院动物卫生研究所

所长　徐志宏

2017 年 12 月 28 日

前　言
Foreword

华南地区是一个高温多雨、四季常绿的热带亚热带区域。植物生长茂盛，种类繁多，有热带雨林、季雨林和南亚热带季风常绿阔叶林等地带性植被。现状植被多为热带灌丛、亚热带草坡和小片的次生林，热带性森林动物丰富多样，非常适宜牛羊等草食动物的养殖。

发展草食畜牧业是畜牧业结构优化调整的主要方向，也是现代畜牧业建设的重要内容。近年来，农业部发布了《关于促进草食畜牧业加快发展的指导意见》，提出充分利用南方草山草坡地区天然草地和农闲田，大力推广粮经饲三元结构种植和标准化规模养殖，引导各地草食畜牧业有序健康发展。当前广东省进入"减猪、稳鸡、促牛羊"的供给侧结构性改革发展阶段，未来广东省牛羊养殖成倍增长，牛年存栏可达 500 万头，羊年存栏可达 100 万只。

由于气候原因，南方地区的牛羊病防控远远复杂于北方地区。当前，华南地区牛羊病研究机构少、兽医技术服务人员匮乏，再加上养殖户盲目引种，不懂疫病防控等，这些因素常常制约着华南地区牛羊养殖业的健康发展。因此，牛羊病相关的科学知识普及显得特别重要。本书结合编者在兽医临床服务过程中遇到的常见牛羊病病例，编写《华南地区牛羊常见病诊治彩色图鉴》一书，希望对广大牛羊畜牧业从业人员有所帮助。

本书的出版要特别感谢广州市科技创新委员会（项目编号：201709010101）的资金支持。

由于时间仓促和水平有限，书中难免有不妥之处，恳请广大读者批评指正。

编者
2017 年 12 月

目 录
Contents

第一章　牛羊常见病毒病 ·· 1

　第一节　口蹄疫 ·· 2

　第二节　小反刍兽疫 ·· 6

　第三节　蓝舌病 ·· 11

　第四节　羊痘 ·· 15

　第五节　羊口疮 ··· 18

　第六节　牛病毒性腹泻—黏膜病 ·· 22

　第七节　牛流行热 ··· 26

　第八节　山羊传染性鼻内肿瘤 ·· 29

第二章　牛羊常见细菌病 ·· 33

　第一节　羊传染性胸膜肺炎 ·· 34

　第二节　牛结核病 ··· 38

　第三节　布氏杆菌病 ··· 42

　第四节　羊梭菌病 ··· 47

　第五节　炭疽病 ··· 57

　第六节　放线菌病 ··· 61

　第七节　巴氏杆菌病 ··· 64

　第八节　链球菌病 ··· 68

第三章　牛羊其他常见病………………………………………73

　　第一节　片形吸虫病 ………………………………………74

　　第二节　绦虫病 ……………………………………………79

　　第三节　前后盘吸虫病 ……………………………………84

　　第四节　鞭虫病 ……………………………………………88

　　第五节　瘤胃臌气 …………………………………………91

　　第六节　产道脱出 …………………………………………94

附录………………………………………………………………99

　　附录 1　牛羊常见病初诊特征和确诊方法 ………………100

　　附录 2　牛羊常用药物 ……………………………………101

　　附录 3　牛羊常见病临床症状和典型病理变化图集 ………102

第一章　牛羊常见病毒病

第一节 口 蹄 疫

⊕ 简介

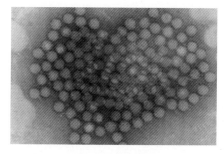

口蹄疫是由口蹄疫病毒（图1-1-1）引起的牛、羊等反刍动物的急性、热性、接触性传染病，入选我国一类动物传染病名录。其临床特征是流涎，口腔黏膜、乳房和蹄部出现水疱。

图 1-1-1　电镜下口蹄疫病毒形态

⊕ 易感动物

自然感染的动物有黄牛、奶牛、水牛、山羊、绵羊、猪、鹿和骆驼等偶蹄动物，人工感染可使豚鼠、乳兔和乳鼠发病。

⊕ 传染途径

病毒可通过接触、饮水和空气传播。鸟类、鼠类、猫、犬和昆虫均可传播此病。各种污染物品如工作服、鞋、饲喂工具、运输车、饲草、饲料、泔水等都可以传播病毒引起发病。

⊕ 流行病学

该病具有流行快、传播广、发病急、危害大等流行病学特点，犊牛死亡率较高。病畜和潜伏期动物是最危险的传染源。病畜的水疱液、乳汁、尿液、口涎、泪液和粪便中均含有病毒。该病入侵途径主要是消化道，也可经呼吸道传染。该病传播无明显的季节性，风和鸟类也是远距离传播的因素之一。近年来，华南地区有 A 型、O 型及亚洲 1 型口蹄疫的暴发，不同血清型交叉保护效果差，防控形势依然严峻。

➕ 临床症状

牛的潜伏期 2~7 天，可见体温升高至 40~41℃，流涎（图 1-1-2），很快就在唇内、齿龈、舌面、颊部黏膜、蹄趾间及蹄冠部柔软皮肤，以及乳房皮肤上出现水疱，水疱破裂后形成红色烂斑（图 1-1-3、图 1-1-4），之后糜烂逐渐愈合。也可能发生溃疡，愈合后形成斑痕。病畜大量流涎，少食或拒食；蹄部疼痛造成跛行甚至蹄壳脱落。该病在成年牛一般死亡率不高，在 1%~3% 之间，可引起奶牛的泌乳量降低。但在犊牛，由于发生心肌炎和出血性肠炎，死亡率很高。

此外，羊的临床表现与牛相似，主要表现为流涎，口腔黏膜及舌面溃疡（图 1-1-5、图 1-1-6）。

图 1-1-2　牛口腔流涎

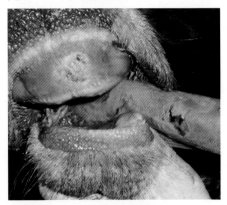

图 1-1-3　牛口腔黏膜及舌面溃疡

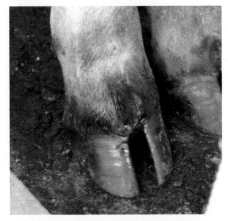

图 1-1-4　牛蹄叉间软组织破溃出血

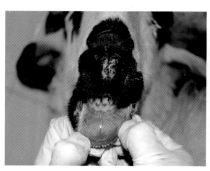

图 1-1-5 羊口腔黏膜溃疡

图 1-1-6 羊舌面溃疡

➕ **病理变化**

    幼畜常因心肌麻痹死亡，剖
检可见心肌出现淡黄色或灰白
色、带状或点状条纹，似虎皮，
故称"虎斑心"（图 1-1-7）。

➕ **诊断与治疗**

图 1-1-7 虎斑心

    1. 诊断

    可以根据以上临床症状和病理变化做出初诊结果，最终确诊要经
有条件的分子检测实验室确定。

    2. 治疗

    由于口蹄疫病毒危害大，传播快，并且是国家一类动物传染病，
发现确诊病例，病牛、病羊等要立即处理、扑杀，不能进行任何治疗。

➕ **预防与控制**

    1. 未发生牛羊口蹄疫时的措施

    （1）严格执行卫生防疫制度，保持牛羊圈舍的清洁、卫生；粪便
及时清除；定期用 2% 苛性钠对全场及用具进行消毒。

    （2）加强检疫制度，保证牛羊群健康。不从病区引购牛羊只，不

把病牛、病羊引进入场。为防止疫病传播，严禁猪、猫、犬混养。

（3）定期接种口蹄疫疫苗。常用的疫苗有口蹄疫灭活疫苗和口蹄疫合成肽疫苗，牛羊在注射疫苗 14 天后产生免疫力，免疫力可维持4~6 个月。

2. 已发生牛羊口蹄疫时的措施

（1）尽快确诊，并及时上报兽医和监督部门，建立疫情报告制度和报告网络，按国家有关法规，对牛羊口蹄疫进行处置。

（2）及时扑杀病畜和同群牛羊只，在兽医人员的严格监督下，扑杀病畜并对尸体进行无害化处理。

（3）严格封锁疫点疫区，消灭疫源，杜绝疫病向外散播。场内应定期、全面进行消毒。

（4）疫区内最后一头病畜扑杀后，经一个潜伏期的观察，再未发现新病畜时，经彻底消毒，报有关单位批准，才能解除。

第二节　小反刍兽疫

➕ 简介

　　小反刍兽疫也称羊瘟、假性牛瘟，是由小反刍兽疫病毒引起的，以发热、口炎、腹泻、肺炎为特征的一种急性接触性传染病，入选我国一类动物传染病名录。2013—2014 年，我国 20 多个省、市、自治区发生大规模小反刍兽疫疫情，对养羊业造成了巨大的经济损失。2015 年后，华南地区仍有小反刍兽疫流行。该病主要通过直接或间接接触传播，感染途径以呼吸道为主，饮水也可以导致感染；潜伏期一般为 4~6 天，最长可达到 21 天；易感羊群发病率通常达 60% 以上，病死率可达 50% 以上。

➕ 易感动物

　　山羊和绵羊最易感，盘羊、岩羊等野生动物也易感。水牛、黄牛感染后多呈亚临床表现，对小反刍兽疫的净化构成很大的挑战。

➕ 传染途径

　　小反刍兽疫主要通过呼吸道和消化道感染。传播方式主要是接触传播，可通过与病羊直接接触发生传播，病羊的鼻液、粪尿等分泌物和排泄物含有大量的病毒；与被病毒污染的饲料、饮水、衣物、工具、圈舍和牧场等接触也可发生间接传播；在养殖密度较高的羊群偶尔会发生近距离的气溶胶传播。

➕ 流行病学

　　主要感染山羊、绵羊、羚羊、美国白尾鹿等小反刍动物，山羊发病比较严重。牛、猪等可以感染，但通常呈亚临床表现。近年来，有报道骆驼和狗也可感染。目前，主要流行于非洲西部、中部，亚洲的部分地区。本病的传染源主要为患病动物和隐性感染动物，处于亚临床型的病羊尤为危险。病畜的分泌物和排泄物均含有病毒。

➕ 临床症状

山羊临床症状较典型，突然发热，发热的第2~3天体温达40~42℃，病羊死亡多集中在发热后期。绵羊症状一般较轻微。发热症状出现后，病羊口腔黏膜轻度充血，继而出现糜烂（图1-2-1）。病初有水样鼻液，此后变成大量的黏脓性卡他样鼻液（图1-2-2），阻塞鼻孔造成呼吸困难，鼻内膜发生坏

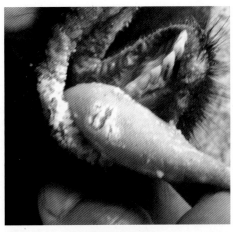

图1-2-1 病羊口舌黏膜糜烂（翟少伦供图）

图1-2-2 病羊鼻腔流出黏脓性鼻液（翟少伦供图）

图 1-2-3　病羊眼睛结膜炎（翟少伦供图）

图 1-2-4　病羊拉出水样粪便（翟少伦供图

死，眼流分泌物，出现眼结膜炎（图 1-2-3）。多数病羊发生严重腹泻或下痢（图 1-2-4），造成迅速脱水和体重下降。怀孕母羊可发生流产。

➕ 病理变化

病畜可见结膜炎、坏死性口炎等肉眼病变（图 1-2-1 和图 1-2-3），严重病例可蔓延到硬腭及咽喉部。皱胃常出现病变，而瘤胃、网胃、瓣胃很少出现病变，病变部常出现有规则、有轮廓的糜烂，创面红色、出血。肠可见糜烂或出血，尤其在结肠直肠结合处呈特征性线状出血或斑马样条纹（图 1-2-5）。淋巴结肿大（图 1-2-6）。脾有坏死性病变（图

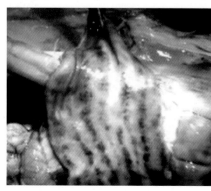

图 1-2-5　肠道出血

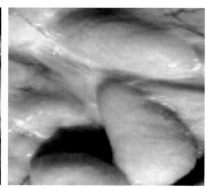

图 1-2-6　淋巴结肿大

1-2-7)。在鼻甲、喉、气管
等处有出血斑（图 1-2-8）。

✚ 诊断与治疗

1. 诊断

根据临床症状和病理变
化做出初诊。应用 PCR 方
法及病毒分离方法确诊。

2. 治疗

小反刍兽疫属于国家一
类动物传染病，发现病例，
应封锁现场、扑杀处理，不
能进行任何治疗。

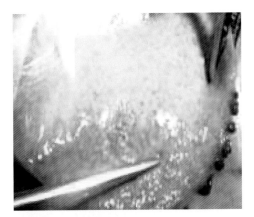

图 1-2-7　脾脏边缘坏死

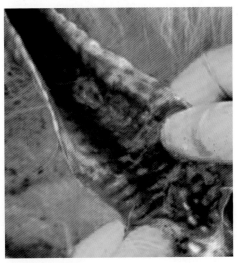

图 1-2-8　气管出血

✚ 预防与控制

1. 预防

（1）守法饲养、生产和
经营。饲养、生产、经营等
场所必须符合国家规定的动
物防疫条件，建立健全防疫
制度，提高生物安全水平。
遵守国家严格限制活羊移动
措施。在全国疫情得到控
制，限制活羊移动措施解除后，要做到：运输羊及羊产品的车辆在装
载前和卸载后，必须进行彻底消毒；国内到非疫区跨省调运羊时，必
须先到调入地动物卫生监督机构办理检疫审批手续，经调出地按规定
检疫合格，方可调运；羊在离开饲养地之前，必须向当地动物卫生监
督机构报检，经检疫合格后，方可离开饲养地；进入屠宰场屠宰的羊，

必须有检疫证明，佩戴有牲畜耳标。

（2）严防病原传入。做好日常饲养管理和消毒，外来人员和车辆进场前应彻底消毒；不从疫区购进羊和草料，不从疫病流行情况不清的地区购进羊和草料；对外来羊，尤其是来源于活羊交易市场的羊，调入后必须隔离观察 30 天以上，经临床诊断和血清学检查确认健康无病，方可混群饲养。

（3）保护易感动物。加强饲养管理，提高易感动物的抗病能力；经农业农村部批准允许免疫的地区，做好羊群高密度免疫（免疫保护期暂定 3 年），特别注意做好对新生羔羊和新进羊的及时补免工作。养殖场可进行小反刍兽疫的常规免疫，受威胁区域应进行紧急免疫接种。

2. 控制

一旦发生本病，应按《中华人民共和国动物防疫法》规定，按一类动物疫情处置方式扑灭疫情，以"早、快、严"的原则，坚决扑杀、彻底消毒，严格封锁，防止扩散。一旦确诊，立即进行疫点、疫区和受威胁区的划定，实施封锁，全面禁止活畜和产品交易，禁止牲畜过牧、交换。对疫点内的所有山羊和绵羊实施扑杀，并对所有病死羊、被扑杀羊，以及羊鲜乳、羊肉等产品按国家规定标准进行无害化处理；疫点进行彻底的消毒处理。对受威胁区羊群进行免疫，建立免疫隔离带。

第三节 蓝 舌 病

➕ 简介

蓝舌病（Bluetongue，BT）是由蓝舌病病毒（Bluetongue virus，BTV）引起的一种传染病。该病以发热、颊黏膜和胃肠道黏膜严重的卡他性炎症为特征，病羊乳房和蹄部也常出现病变，且常因蹄真皮层遭受侵害而发生跛行。

➕ 病原

蓝舌病病毒（图1-3-1）属呼肠孤病毒科环状病毒属，是一种虫媒病毒。引起蓝舌病的病毒共有27个血清型，其中25型、26型、27型分别是2018年从瑞士的山羊、2011年从科威特的绵羊、2014年从法国科西嘉的山羊中分离到的新血清型。BTV抵抗力较强，且各型之间

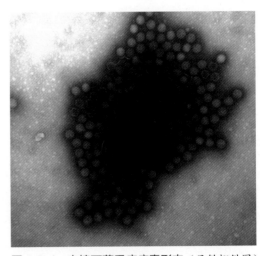

图1-3-1 电镜下蓝舌病病毒形态（吕敏娜供图）

交叉免疫性差，故只有制成多价疫苗，才能获得可靠的保护作用。BTV能引起母羊和牛的流产，病毒垂直传播还导致畸胎出现。

➕ 易感动物

绵羊最易感，并表现出特有症状，纯种美利奴羊更为敏感。病羊

和病后带毒羊为传染源。牛易感，但以隐性感染为主；山羊、鹿、驼类、野牛、牦牛、大角绵羊、非洲羚羊也可感染；甚至动物园中的欧洲猞猁也可感染，但一般不表现出症状。

➕ 传染途径

经过库蠓和伊蚊叮咬传播。病畜与健畜直接接触不传染，但是胎儿在母畜子宫内可被直接感染。病毒主要存在于动物的红细胞内，并能从精液排毒。

➕ 流行病学

病畜、带毒畜是本病的传染源。病毒可在某些种库蠓体内长期生存和大量增殖，且可越冬，无疑也是一种重要的传染源。

本病有严格的季节性。主要通过媒介昆虫库蠓叮咬传播。该病也可经胎盘垂直感染；其发生和分布与库蠓的分布、习性和生活史有密切关系。一般发生于5—10月，多发生于湿热的夏季和秋季，特别是池塘、河流较多的低洼地区。

➕ 临床症状

BTV主要发生在绵羊和某些野生反刍动物。牛、山羊和大多数野生反刍动物感染BTV（除血清8型外）一般无临床症状或表现亚临床症状。BTV对易感反刍动物的致死率在不同疫区差别较大，一般在30%以上。

羊的蓝舌病表现为病毒介导的血管损伤。牛和其他反刍动物的蓝舌病症状多数比较温和，主要造成不同程度口鼻部、口腔黏膜和乳头的损伤，表现为鼻炎和鼻黏膜出血、舌头有时充血肿大，伸出口外，变成深蓝色，所以叫蓝舌病（图1-3-2）。在发热后期，一只或四只蹄蹄冠出现充血发红和斑点出血，后蹄特别明显（图1-3-3）。孕畜可发生流产、死胎、胎儿畸形。

 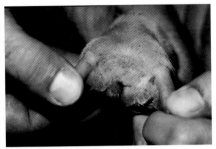

图 1-3-2　口、舌部黏膜发绀，出血 （李华春供图）　图 1-3-3　蹄壳裂痕，出血斑（李华春供图）

➕ 病理变化

图 1-3-4　瘤胃、真胃黏膜坏死和溃疡

主要在口腔、瘤胃、心脏、肌肉、皮肤和蹄部，呈现糜烂出血点、溃疡和坏死（图 1-3-4）。唇内侧，牙床，舌侧，舌尖，舌面表皮脱落。皮下组织充血及胶样浸润。乳房和蹄冠等部位上皮脱落但不发生水疱，蹄部有蹄叶炎变化，并常溃烂。肺泡和肺间质严重水肿，肺严重充血。脾脏轻微肿大，被膜下出血，淋巴结水肿，外观苍白。骨骼肌严重变性和坏死，肌间有清亮液体浸润，呈胶样外观。

➕ 诊断与治疗

1. 诊断

依据典型临床症状和病理变化可做出初步诊断，确诊需进一步做实验室诊断。实验室诊断多采用 RT-PCR（感染后 3 天）和 ELISA 方法（感染后 5~7 天）检测血液样品。

2. 治疗

目前尚无有效治疗方法。对病畜应加强营养，精心护理。对症治疗：口腔用清水、食醋或 0.1% 的高锰酸钾液冲洗；用 1%~3% 硫酸铜、1%~2% 明矾或碘甘油，涂糜烂面，或用冰硼散外用治疗。蹄部患病时可先用 3% 来苏儿洗涤，再用木焦油凡士林（1∶1）、碘甘油或土霉素软膏涂拭，以绷带包扎。

➕ 预防与控制

发生本病的地区，应扑杀病畜清除疫源，消灭昆虫媒介，必要时进行预防免疫。用于预防的疫苗有弱毒活疫苗和灭活疫苗等。蓝舌病病毒的多型性和在不同血清型之间无交互免疫性的特点，使免疫接种产生一定困难。首先，在免疫接种前应确定当地流行的病毒血清型，选用相应血清型的疫苗，才能收到满意的免疫效果；其次，在一个地区不只有一个血清型时，还应选用二价或多价疫苗。否则，只能用几种不同血清型的单价疫苗相继进行多次免疫接种。

第四节　羊　痘

➕ 简介

羊痘是一种急性、热性、接触性传染病，病原体为羊痘病毒。广义的羊痘病毒包括山羊痘病毒、绵羊痘病毒和牛疙瘩病病毒。其主要特征是在皮肤和黏膜上出现特异性的痘疹。由于本病不仅有很高的病死率，常导致孕羊流产，而且致使多数病羊丧失生产力。因此，本病曾使养羊业遭受巨大的经济损失。

➕ 易感动物

在自然情况下，绵羊痘只能使绵羊感染，山羊痘只能使山羊感染，牛疙瘩病病毒只感染牛，它们之间相互不传染。

➕ 传染途径

羊痘病毒主要存在于病羊的皮肤、黏膜的丘疹、脓疱、痂皮内及鼻黏膜分泌物中，主要通过呼吸道传染，水泡液和痂块易与飞尘或饲料相混而被吸入呼吸道。病毒也可通过损伤的皮肤或黏膜侵入机体。羊痘传染途径为接触性感染，饲养管理人员、护理工具、皮毛产品、饲料、垫草及体外寄生虫等，只要碰过羊痘病毒的任何物品，都可能成为媒介。

➕ 流行病学

在潜伏期中的病羊和带毒羊是主要的传染源。最初个别羊发病，以后逐渐发展蔓延全群。山羊痘通常侵害个别羊群，病势及损失比绵羊痘轻些。绵羊中细毛羊比粗毛羊或土种羊易感染，病情严重；羔羊较成羊敏感，病死率高。一年四季都可以发生，而且羊只感染，死亡率相当高，治疗不及时或不得当时，死亡率50%~80%。

➕ 临床症状

羊痘的潜伏期平均为6~8天，最初羊群中个别羊先发病，以后逐渐蔓延到全群。在典型病例中，病羊体温升高到41~42℃，食欲减少，精神不振，有浆液性、黏液性或脓性分泌物从鼻孔流出，呼吸困难。病羊眼结膜潮红，有的病羊畏光，眼睛有脓性分泌物覆盖。羊痘病多发生在皮肤无毛或少毛部位，如眼周、唇、鼻、乳房，大部分病羊几乎全身出现数量不等的痘疹（图1-4-1、图1-4-2）。痘疹开始为红斑，1~2天形成痘疹，突出皮肤表面，随后痘疹逐渐扩大变成灰白色或淡红色的半球状隆起结节，结节在几天之内变成水泡，水泡内容物起初呈浆液性，后变成脓性，一周后形成干痂脱落，将留下永远的麻点。羊痘的发生对成年绵羊危害较轻，若无继发细菌感染，病羊3~4周可恢复健康，并且将终生得到痘病免疫。但如保护不当，可继发坏死杆菌感染，甚至可波及内脏，会造成羊只死亡，因此羊只感染了痘病，精心护理是关键。由于该病症状明显，一般不难诊断。

图1-4-1　鼻部痘疹

➕ 病理变化

呼吸道、消化道黏膜卡他性出血性炎症，肺部呈大理石样硬块结节，瘤胃、肠管等有硬结节。

➕ 诊断与治疗

羊痘一般根据临床症状即可诊断。实验室诊断常用分子生物学方法确诊。

图 1-4-2　头颈部痘疹

➕ 预防与控制

采用弱毒疫苗接种预防。平时加强饲养管理，抓好秋膘，特别是冬春季节适当补饲，注意防寒过冬。

一旦发现病畜，立即向上报告疫情，按《中华人民共和国动物防疫法》规定，采取紧急、强制性的控制和扑灭措施。扑杀病羊深埋尸体。畜舍、饲养管理用具等进行严格消毒，污水、污物、粪便无害化处理，健康羊群实施紧急免疫接种。

第五节 羊 口 疮

✚ 简介

羊口疮，又称羊传染性脓疱、羊接触传染性脓疱性皮炎，是由羊口疮病毒引起的绵羊和山羊的一种接触性传染病，以口唇、舌、鼻、乳房等部位形成丘疹、水疱、脓疱和结成疣状结痂为特征。

✚ 易感动物

羊口疮病毒主要侵害绵羊、山羊，具有接触传染性、嗜上皮性。羔羊最为敏感，麝牛、鹿、人也可感染。对自由放牧鹿不会产生严重的损伤，仅在口腔黏膜出现增生性损害。

✚ 传染途径

在自然条件下，病毒主要经皮肤或黏膜上的微小刺伤或擦伤而侵入，病羊、含病毒材料或污染的厩舍和食槽等用具，以及污染的麦秆和多刺植物等都是重要的传染源。

羊口疮病毒为人畜共患病病原，在人群中经常发生感染，尤其是在和绵羊发生直接接触，如剪毛、入坞（人为合群）、药浴或屠宰时，与野生动物接触也容易发生感染。

✚ 流行病学

本病毒感染发生于绵羊和山羊养殖地区，病毒主要感染绵羊和山羊，3~6个月龄羔羊、幼羊发病较多，常群发性流行。病毒感染也见于多种野生偶蹄兽类，如北美落基山脉的野生绵羊、山羊，阿拉斯加的野牛，挪威的驯鹿，日本的鬣羚，等等。

本病最早于 1920 年发现于欧洲，现已广泛分布于全世界。我国新疆、甘肃、青海、内蒙古及东北三省主要养羊地区均有本病发生和流行的报道。近年来，广东省多地也有该病的流行报道。

➕ 临床症状

主要引起羊只口唇、舌、鼻、乳房等部位形成丘疹、水疱、脓疱和痂皮。临床上通常分为唇型、蹄型和外阴型，但实际中多见混合型。

病毒感染的潜伏期为 3~8 天。感染时首先出现丘疹和水疱，并迅速变为脓疱，最后形成痂皮或疣状病变——桑葚状痂垢（图 1-5-1、图 1-5-2）。痘痂通常很脆并出现轻度水肿，容易发生出血。病羔或病羊因唇部病变疼痛而不愿吮乳或饮食，严重病例因而迅速丧失体重，倾向于发生继发感染。如无并发症，一般可在 4 周内痊愈。羊口疮发病

图 1-5-1 羊嘴部桑葚状痂垢（翟少伦供图）

19

率 30%~50%，死亡率不同，在饲养卫生条件不良的羊群中，羔羊的死亡率高，可能达 20%。并发症感染时，死亡率更高。成年羊死亡率低。

图 1-5-2　羊嘴部形成痂皮（翟少伦供图）

➕ 诊断与治疗

1. 诊断

羊口疮传播迅速，病变特异，在口腔周围具有增生性桑葚状痂垢，一般诊断不难。临床上应注意与绵羊痘相区别。二者的鉴别要点是：羊口疮的病变通常局限于口唇和眼、鼻周围，患病羊不显全身症状；绵羊痘病羊体温升高，痘疹或痘疱遍布全身，痘疱常呈脐状，全身反应极其严重。

2. 治疗

用消毒外科剪和镊子去掉患羊痂皮、脓疱皮，用强力消毒灵溶液消毒创面后，将冰硼散粉末兑水调成糊状，涂抹患部，隔天涂药 1 次，连用 2~3 次，治疗 7~10 天，至患部痂皮或结痂脱落。辅助措施：将病羊隔离饲养，用 1 克 / 升强力消毒灵作羊圈舍、场地、环境消毒，每天 2 次，直至病羊痊愈为止。

清除痂垢后，创面先用 0.1% 高锰酸钾水洗，再用下列药物涂擦。

① 3% 碘酊、松榴油、液状石蜡（1 ∶ 2 ∶ 2）合剂，调匀后使用。

②呋喃西林、鱼石脂软膏（1 ∶ 4）。

③碘甘油（7% 碘酊 70 毫升，加无水甘油 30 毫升），均按每天 1 次，连续 7 天，隔 3 天再进行下一疗程。

蹄部洗净后用 50 毫升福尔马林溶液浸泡 2 分钟，每天 1 次，连续用药 2 天，如未愈，隔 1 周再浸泡治疗。

➕ 预防与控制

在本病流行地区，可使用弱毒疫苗株作免疫接种。

在本病流行区，还可采集自然发病羊痂皮，经研磨后用 50% 的甘油盐水缓冲液制成 1% 的病毒液，在健康羊的尾根无毛处作划痕接种，经 7 天左右接种处发生炎症或脓疱性病变，随后结痂，数周后痂皮脱落，此法免疫可产生持久的免疫力。母羊接种应在分娩前 3~4 周完成。本法有散毒危险，因而仅限于疫区采用。

第六节　牛病毒性腹泻——黏膜病

➕ 简介

　　牛病毒性腹泻——黏膜病是由牛病毒性腹泻病毒（Bovine Viral Diarrhea Virus，BVDV）引起的传染病，各种年龄的牛都易感染，以幼龄牛易感性最高。

➕ 病原

　　牛病毒性腹泻病毒，又名黏膜病病毒，是黄病毒科瘟病毒属的成员。牛病毒性腹泻病毒是一种单股 RNA 且有囊膜的病毒，呈圆形。BVDV 是瘟病毒属的代表种，分为 BVDV-1 型和 BVDV-2 型。可通过基因水平和抗原水平（主要使用单克隆抗体）区分两种不同型的 BVDV，两种型的 BVDV 野外分离株存在明显的基因变异，这些变异很可能影响其生物特性。BVDV 存在两种不同的生物型，一种在细胞培养中能产生 CPE，另一种不产生 CPE。在感染的早期及持续感染的犊牛分离的病毒是无 CPE 型，但在发生黏膜病的病牛中两种均可分离到。两种生物型密切相关，CPE 型可能是由无 CPE 型突变而来。在众多常用的细胞系中，用免疫荧光或其他免疫组化染色，可检测到非 CPE 型 BVDV 的污染。CPE 型毒株在培养系统上产生的蚀斑，可用于准确的病毒定量。

➕ 易感动物

　　易感动物主要是牛、猪、绵羊，山羊、鹿偶尔感染。犊牛（6~18日龄）潜伏期 7~9 天，突然发病，体温上升到 40~42℃，食欲减退，沉郁，有浆液样鼻液。在口腔出现病变后迅速发生腹泻，初为水样，

后为含血液和黏液，并排出成片的肠黏膜。病程几天或延至 1 个月，发病率为 2%~5%，犊牛死亡率可达 90%，但也有隐性感染。妊娠母牛经常产出发育不全的犊牛，血清中含中和抗体。可以感染家兔，但不感染鸡胚、膝鼠、猫或小鼠。

➕ 传染途径

BVDV 很容易通过污染了感染牛的尿液、口鼻分泌物、排泄物或羊膜液的饲料和污染物间接地从动物向动物、从畜群向畜群传播。

➕ 流行病学

病毒一般不从急性感染的牛传播，但是能非常有效地从持续感染的动物传播。因为许多持续感染的小母牛存活至繁殖年龄，并产出感染的、终身排毒的免疫耐受牛。如果饲养条件保持不变，一个牛群里的病毒传播可能会持续数年。感染过的牛群，大多数都会产生免疫力，易感动物特别是母牛的引入，会造成零星的损失，在某些环境下又可以持续数年。在无病毒的畜群引入一个持续感染的动物，通常会造成明显的损失。因为感染也发生在绵羊、山羊、猪、鹿、野牛和其他野生反刍动物等，这些物种也可能是引发牛群感染的病毒来源。

➕ 临床症状

潜伏期 7~14 天，人工感染 2~3 天就有临床表现，有急性和慢性过程。

1. 急性病

牛突然发病，体温升高至 40~42℃，持续 4~7 天，有的还有第二次升高。病畜精神沉郁，厌食，鼻眼有浆液性分泌物，2~3 天内可能有鼻镜及口腔黏膜表面糜烂，舌面上皮坏死，流涎增多（图 1-6-1），呼气恶臭。通常在口内损害之后发生严重腹泻，开始水泻，以后带有黏液和血。有些病牛常有蹄叶炎及趾间皮肤糜烂坏死，从而导致跛行。

图 1-6-1　病牛口腔流涎

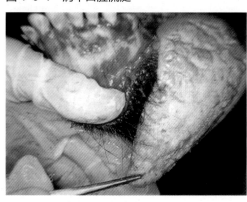

图 1-6-2　病牛口舌部病变

急性病例恢复的少见，通常多死于发病后 1~2 周。

2. 慢性病

牛很少有明显的发热症状，但体温可能有高于正常的波动。最引人注意的症状是鼻镜上的糜烂，此种糜烂可在全鼻镜上连成一片。眼常有浆液分泌物。在口腔内很少有糜烂，但门齿齿龈通常发红（图 1-6-2）。由于蹄叶炎及趾间皮肤糜烂坏死而致的跛行是最明显的症状。大多数患牛均死于 2~6 个月内。

➕ **病理变化**

特征性大体病变包括从口腔到食管、前胃、皱胃和肠的侵蚀性或溃疡性病变。在肠道，由于充血和出血导致黏膜皱褶变色，在管腔表面有斑纹出现（图 1-6-3）。组织学检查可见上皮组织的明显坏死，也可见淋巴组织的大量破坏，尤其是在肠内，集合淋巴结出血、坏死。在小肠、盲肠和结肠上的隐窝上皮细胞的崩解，也是本病的特征。

➕ 诊断与治疗

1. 诊断

结合临床及病理变化做出初诊。实验室可应用 PCR 快速检测本病毒。BVDV 感染易与恶性卡他热、牛瘟、口蹄疫、副痘病毒病（牛丘疹性口炎）、

图 1-6-3　肠黏膜出血性坏死

疱疹病毒感染、蓝舌病、流行性出血热、流行性角膜结膜炎、沙门氏菌病等混淆，需要通过实验室方法加以鉴别。

2. 治疗

本病在目前尚无有效疗法。应用收敛剂和补液疗法可缩短恢复期，减少损失。用抗生素和磺胺类药物，可减少继发性细菌感染。

➕ 预防与控制

对大多数牛群来说，免疫接种是唯一可行的控制策略。但是有证据表明，在某些情况下，持续感染的免疫耐受动物接种减毒疫苗会导致严重的黏膜病。

第七节　牛流行热

➕ 简介

牛流行热（又名三日热）是由牛流行热病毒（也叫牛暂时热病毒）引起的一种急性热性传染病，临床特征为突发高热（40℃以上）、流泪、泡沫样流涎、鼻漏、呼吸促迫、后躯僵硬、跛行等。本病发病率高，病死率低，通常为 1%~2%。病牛一般会良性经过，通常在 3 日左右恢复，故又名三日热，有的也称僵硬病、牛流行性感冒。

➕ 易感动物

本病主要侵害奶牛和黄牛，较少感染水牛。以 3~5 岁牛多发，1~2 岁牛及 6~8 岁牛次之，犊牛及 9 岁以上牛少发。6 月龄以下犊牛不显临床症状，肥牛病情较严重。母牛尤其是怀孕牛发病率略高于公牛，产奶量高的母牛发病率高。绵羊可人工感染，并产生病毒血症，继而产生中和抗体。

➕ 传染途径

病牛是本病的主要传染源，吸血昆虫是重要的传播媒介。目前确定的媒介昆虫包括库蠓、库蚊和按蚊，因此，局部流行和扩散均局限在媒介分布的地区。但是有证据显示，应该还存在一些其他的节肢动物媒介，有待鉴定。

➕ 流行病学

本病发生具有明显的周期性，6~8 年或 3~5 年流行一次，一次大流行之后，常间隔一次较小的流行。我国从 1938 年至今，在上海、陕西、河南、安徽、山东、湖南、湖北、福建、江苏等地均周期性地发生本病流行，且流行周期具有缩短的趋势。目前，广东省也有该病的报道。

本病发生具有明显的季节性，一般在夏末秋初、高温炎热、多雨潮湿、蚊虻多生的季节流行。本病的传染力强，传播迅速，短期内可使很多牛发病，呈流行性或大流行性。有时疫区与非疫区交错相嵌，呈跳跃式流行。

临床观察发现，发病率高低与饲养密度成正相关。气压急剧上升或下降，气温高或异常的持续干燥，以及日温差变化剧烈等异常天气，为本病的诱发因素之一。

➕ 临床症状

牛感染病毒后，临床症状典型，但并非在每个个体都能见到。病毒感染的潜伏期3~7天。发病突然，体温升高达39.5~42.5℃，呈双相型热或多相型热，维持2~3天后降至正常。

在体温升高的同时，病牛流泪、畏光，眼结膜充血，眼睑水肿，呼吸急迫，病牛发出哼哼声，食欲废绝，咽喉区疼痛，反刍停止。

多数病牛鼻炎性分泌物呈线状，随后变为黏性鼻涕。口腔发炎、流涎，口角有泡沫（图1-7-1）。有的病牛四肢关节浮肿、僵硬、疼痛，站立不动并出现跛行，最后因站立困难而倒卧。皮温不整，特别是角根、耳、肢端有冷

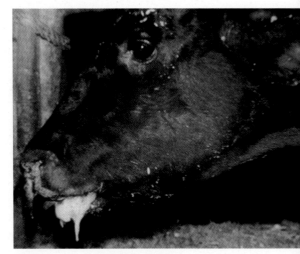

图1-7-1　鼻孔口腔流出黏性液

27

感。有的便秘或腹泻。发热期尿量减少，尿液呈暗褐色，混浊，妊娠或哺乳期母牛可发生流产、死胎、泌乳量下降或停止。

➕ 诊断与治疗

1. 诊断

本病的特点是大群发生，传播快速，有明显的季节性，发病率高，病死率低，结合病畜临床上表现的特点，不难做出诊断。但确诊本病还要作病原分离鉴定或是 RT-PCR 检测。

2. 治疗

临床上，病初可根据具体情况酌用退热药及强心药，停食时间长可适当补充生理盐水及葡萄糖溶液。用抗生素等抗菌药物防止并发症和继发感染。治疗时，切忌灌药，因病牛咽肌麻痹，药物易流入气管和肺里，引起异物性肺炎。

高热时，肌肉注射复方氨基比林 20~40 毫升，或 30% 安乃近 20~30 毫升。重症病牛给予大剂量的抗生素，常用青霉素、链霉素，并用葡萄糖生理盐水、林格氏液、安钠咖、维生素 B_1 和维生素 C 等药物，静脉注射，每天 2 次。四肢关节疼痛的病牛，可静脉注射水杨酸钠溶液。对于因高热而脱水和由此而引起的胃内容物干涸，可静脉注射林格氏液或生理盐水 2~4 升，并向胃内灌入 3%~5% 的盐类溶液 10~20 升。

➕ 预防与控制

加强牛的卫生管理对该病预防具有重要作用。管理不良时发病率高，并容易成为重症，增高死亡率。在本病的常发区，除做好人工免疫接种外，还必须加强消毒，扑灭蚊、蠓等吸血昆虫，切断本病的传播途径，但是效果通常不明显。发生本病时，要对病牛及时隔离，及时治疗，对假定健康牛群及受威胁牛群可采用高免血清进行紧急预防接种。

第八节　山羊传染性鼻内肿瘤

➕ 简介

　　山羊传染性鼻内肿瘤是由山羊鼻内肿瘤病毒引起的一种慢性、进行性、接触性传染病。临床上病羊多见鼻内息肉、鼻内肿瘤、流鼻涕等特征。

➕ 易感动物

　　山羊传染性鼻内肿瘤仅感染山羊。

➕ 传染途径

　　主要为接触性传播。病羊的呼吸道分泌物、粪便、尿液，以及接触的饲草和垫料都会携带该病毒，成为传染源。

➕ 流行病学

　　羊传染性鼻肿瘤一年四季均可发生，发病率不超过5%。由于该病的潜伏期长达数月甚至数年，表现出临床症状的多数是1岁以上的青年羊及成年羊。病羊通过其分泌物，感染其他羊。羊传染性鼻肿瘤呈世界性流行，虽然其发病率并不高，但是病死率达100%。近年来，我国的四川、陕西、湖南等地有大量临床病例报道。2017年9月，广东省农业科学院动物卫生研究所的翟少伦副研究员也发现了山羊传染性鼻内肿瘤在广东省的存在，并且出现了低月龄羊只发病现象。

➕ 临床症状

　　病羊初期从鼻孔流出少量稀薄的浆液性鼻液，随后出现呼吸困难

图 1-8-1　羊只表现鼻漏（翟少伦供图）

和持续性的鼻漏（图 1-8-1）；肿瘤还侵及眼窝，挤压眼球使其突出，可导致视力减退和丧失；病羊食欲减退、消瘦，易继发细菌感染而死亡。个别羊出现鼻内息肉（图 1-8-2），有时可留血红色鼻液。

➕ **病理变化**

　　主要表现在鼻腔有大量瘤状物增生（图 1-8-3），阻塞鼻腔呼吸，最终致羊呼吸困难而死亡。

➕ 诊断与治疗

根据解剖结果，发现鼻腔内有大量瘤状物增生一般就可确诊。但还可以借助实验室开展RT-PCR检测进行最终确诊。

➕ 预防与控制

对羊传染性鼻内肿瘤，目前没有找到有效的疫苗。引种过程中注意监控，做好进出口检疫是预防该病的重要原则。可以尝试通过外科手术摘除增生物，且摘除后不易复发，但这种方法费时费力，在大规模养殖场并不适用。最有效的措施是净化，通过扑杀病羊的方法来消灭该病，同时改善养殖环境。

图1-8-2　羊只表现鼻内息肉（翟少伦供图）

图1-8-3　鼻内肿瘤物增生（翟少伦供图）

第二章　牛羊常见细菌病

第一节　羊传染性胸膜肺炎

➕ 简介

　　羊传染性胸膜肺炎是由支原体引起的一种高度接触性传染病。其临床特征表现为发热、咳嗽、浆液性和纤维蛋白性肺炎及胸膜炎。羊传染性胸膜肺炎又称烂肺病，牛传染性胸膜肺炎又称牛肺疫，但我国已于1997年宣布在全国范围内消灭牛肺疫。本节只介绍羊传染性胸膜肺炎，该病由多种支原体引起。

➕ 易感动物

　　丝状支原体山羊亚种能感染山羊、绵羊和牛，以3岁以下的山羊发病为主。丝状支原体丝状亚种可自然感染牛，引起牛传染性胸膜肺炎，山羊支原体山羊肺炎亚种只感染山羊，绵羊肺炎支原体可感染绵羊和山羊。

➕ 传染途径

　　病羊是主要的传染源，病肺组织和胸腔渗出液中含有大量病原体，主要通过空气飞沫经呼吸道传染。

➕ 流行病学

　　本病常呈地方流行性，接触传染性很强，主要经呼吸道分泌物排菌。耐过羊在相当长时间内也可成为传染源。本病多从秋末开始发生，冬季和早春枯草季节多发。阴雨，寒冷潮湿，羊群密集、拥挤等因素，容易诱发该病，且传播迅速，死亡率高。新疫区暴发该病主要是因为引进或迁入病羊或带菌羊而引起。近年来，跨区域引种频繁，羊传染性胸膜肺炎在广东、广西多发。

➕ 临床症状

潜伏期平均 18~20 天。根据病程和临诊症状，分为最急性、急性和慢性 3 型。

1. 最急性型

病初体温可高达 41~42℃，极度委顿，食欲废绝，呼吸急促而有痛苦的鸣叫。随即咳嗽，流浆液性带血鼻涕。12~36 小时内，病羊卧地不起，四肢直伸，呼吸极度困难，每次呼吸全身颤动；黏膜充血发绀，呻吟哀鸣，随即窒息而亡。病程一般不超过 4~5 天，有的仅12~24 小时。

2. 急性型

病初体温升高，精神沉郁，食欲减退。随即咳嗽，流浆性鼻涕。4~5 天后咳嗽加重，干咳而痛苦，鼻涕变为黏脓性，常黏于鼻孔，上唇呈铁锈色。后期呼吸困难，高热稽留，眼睑肿胀，流泪或有黏液、脓性分泌物，腰背起伏做痛苦状。孕羊大批发生流产，部分羊肚胀腹泻，有些羊口腔溃烂。病羊在濒死前体温降至常温下，病期多为 7~15天。

3. 慢性型

多见于夏季，常由急性型转化而来。全身症状轻微，体温升至40℃左右。病羊时常出现咳嗽和腹泻，身体衰弱，被毛粗乱无光。若管理不善或继发感染时，很容易复发或出现并发症而迅速死亡。

➕ 病理变化

胸腔常有淡黄色积液，常呈纤维蛋白性肺炎（图 2-1-1）；肺实质硬变，切面呈大理石样变化（图 2-1-2）；胸膜增厚而粗糙，常与肋膜、心包膜发生粘连（图 2-1-3）。支气管淋巴结、纵隔淋巴结肿大（图2-1-4），切面多汁且有出血点。心包积液，心肌松弛、变软。肝脏、

图 2-1-1 纤维蛋白性肺炎

图 2-1-2 肺呈大理石样变化

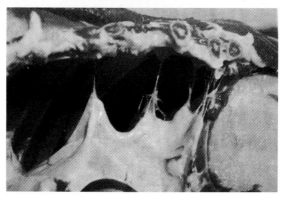

图 2-1-3 心包、肺脏纤维素粘连

脾脏肿大，胆囊肿胀。肾脏肿大，被膜下可有小点状出血。

➕ 诊断与治疗

根据流行规律、临诊表现和病例变化可做出初步诊断，确诊需进行病原分离鉴定和血清学试验。注意与羊巴氏杆菌病进行区分。

用新胂凡纳明（914）静脉注射，能有效地治疗和预防本病。病初使用足够剂量的土霉素、四环素或氯霉素有治疗效果。

➕ 预防与控制

（1）提倡自繁自养，加强饲养管理。勿从疫区引羊，新引进羊只必须隔离检疫1个月以上，确认健康后方可混入大群。

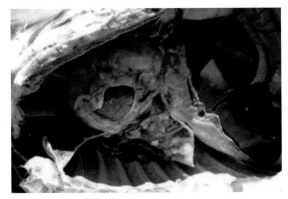

图 2-1-4　纵隔淋巴结肿大

（2）免疫接种是预防本病的有效措施。我国常用的疫苗为丝状支原体山羊亚种制造的山羊传染性胸膜肺炎氢氧化铝苗和鸡胚化弱毒苗，新近研制成功绵羊肺炎支原体灭活苗，应根据当地病原体的分离结果，选择使用。

（3）发病羊群应进行封锁、隔离和治疗。污染的场地、羊舍、饲管用具和病羊的尸体、粪便等进行彻底消毒或无害化处理。

第二节　牛结核病

➕ 简介

　　结核病是由分枝杆菌引起的人畜共患的一种慢性传染病，又称痨病或白色瘟疫，其特点是在多种组织器官中形成结节性肉芽肿和干酪样坏死或钙化结节。临床上以贫血、渐进性消瘦、咳嗽、呼吸

图 2-2-1　结核分枝杆菌的电镜扫描图

难及体表淋巴结肿大为特征。我国将其列为二类动物疫病。分枝杆菌属分结核分枝杆菌、牛分枝杆菌和禽分枝杆菌 3 个种。牛结核病主要由牛分枝杆菌，也可由结核分枝杆菌（图 2-2-1）引起。

➕ 易感动物

　　结核病可侵害人和多种动物。家畜中牛最易感，依次为奶牛、黄牛、牦牛、水牛，猪和家禽易感性也较强，羊极少患病。野生动物中猴、鹿易感性较强。

➕ 传染途径

　　本病主要经呼吸道、消化道感染，也可通过胎盘传播或交配感染，其中经呼吸道感染的威胁性最大，病菌随咳嗽、喷嚏排出体外，存在于空气飞沫中，健康的人、动物吸入后即可感染。

➕ 流行病学

本病一年四季都可发生。结核病患病动物或带菌动物是本病的主要传染源，其粪尿、乳汁、痰液及生殖道分泌物都可以将大量结核菌排到外界，污染了饲料、食物、饮水、空气和环境而散播传染。本病主要通过消化道和呼吸道感染，也可以通过生殖道传染。奶牛也可通过乳导管注射而感染。畜舍通风不良、拥挤、潮湿、阳光不足、缺乏运动，均可促进本病的发生和传播。本病多为散发性或地方性流行。

➕ 临床症状

潜伏期长短不一，短的 10~15 天，长的数月甚至数年。病程呈慢性经过，表现为进行性消瘦，咳嗽，呼吸苦难，体温一般正常。牛结核病常表现为肺结核、乳房结核、淋巴结核，有时可见肠结核、生殖器结核、脑结核、浆膜结核及全身结核。

1. 肺结核

病初发出短而干的咳嗽，吸入冷空气或含尘埃空气时易发咳，严重后咳嗽加重且频繁，发生气喘，流脓性鼻涕。病牛日渐消瘦、贫血，咽后淋巴结常肿大。病势恶化可发生全身性结核，即粟粒性结核（图2-2-2）。胸膜、腹膜发生粟粒性结核即所谓的"珍珠病"（图2-2-3），

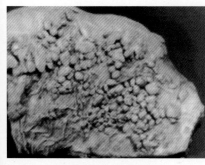

图 2-2-2 肺脏上的结核结节

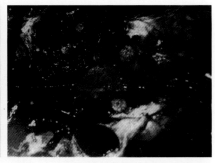

图 2-2-3 胸膜、腹膜发生粟粒性结核，即"珍珠病"

胸部听诊可听到摩擦音。

2. 乳房结核

乳房上淋巴结肿大（图2-2-4），泌乳量减少，乳汁稀薄如水，有时还混有脓块，严重时停止泌乳。乳房表面凹凸不平，由于缺乳和乳腺萎缩，两侧乳房不对称。

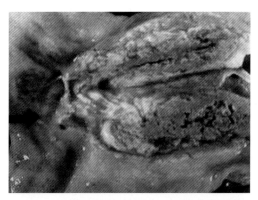

图2-2-4　乳房上淋巴结肿大，内含有干酪样物质

3. 肠道结核

多见于犊牛（图2-2-5），有持续性消化机能障碍，或轻度胀气，顽固性下痢和便秘交替出现，粪便呈粥样，混有黏液和脓汁。

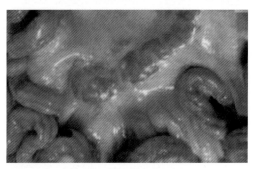

图2-2-5　肠系膜淋巴结有结节病灶

➕ **病理变化**

在肺脏或其他器官常见有很多突起的白色结节，切面为干酪化坏死（图2-2-6），有的坏死组织溶解和软化，排出后形成空洞。

➕ **诊断与治疗**

1. 诊断

根据流行病学、症状

图2-2-6　肺结核结节发生明显的干酪化坏死和钙化

和病变可做出初步诊断。采取患病动物的病灶、痰液、粪便、乳汁及其他分泌物做抹片、镜检、分离培养和实验动物接种进行确诊。结核菌素试验是目前诊断结核病最有现实意义的好方法。

2. 治疗

可用链霉素、异烟肼、对氨基水杨酸和环丝氨酸等药物治疗。

➕ 预防与控制

（1）健康畜群平时应加强防疫、检疫和消毒，防止疾病传入。

（2）每年春、秋两季定期进行结核病检疫，主要用结核菌素试验，结合临诊等检查，发现阳性病畜，直接淘汰。

（3）引进牛时，在产地检疫阴性才可引进。运回需隔离观察 1 月以上，再检疫阴性者才能合群。

（4）结核病人不得从事养牛。

（5）加强消毒工作，每年进行 2~4 次预防性消毒，每当畜群出现阳性病牛后，都要进行一次大消毒。常用消毒药物为 5% 来苏儿或克辽林，10% 漂白粉，3% 福尔马林或 3% 苛性钠溶液。

第三节　布氏杆菌病

➕ 简介

　　布氏杆菌病是由布氏杆菌（图2-3-1）引起的人畜共患的一种接触性、慢性传染病，入选我国二类动物传染病名录。其临床特征表现为生殖器官和胎膜发炎，引起流产、不育和各种组织的局部病灶。

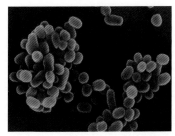

图 2-3-1　电镜下布氏杆菌形态

➕ 易感动物

　　布氏杆菌可感染的动物种类极多，包括各种家畜、野生哺乳动物、啮齿动物、鸟类、爬行类、两栖类和鱼类。在家畜中以牛、羊、猪最为易感。人也易感。布氏杆菌可引起豚鼠、小鼠和家兔等实验动物感染，豚鼠最为易感。

➕ 传染途径

　　本病主要通过采食被污染的饲料和饮水经消化道感染，也可通过接触病畜或其排泄物经皮肤黏膜接触传染，病菌污染环境后形成气溶胶，可发生呼吸道感染，其他如苍蝇携带、蜱叮咬也可传播本病。

➕ 流行病学

　　本病不分性别、年龄，一年四季均可发病，但以家畜流产季节为多。发病率牧区高于农区，农区高于城市。流行区在发病高峰季节（春末夏初）可呈点状暴发流行。本病的传染源是病畜和带菌动物（包括野生动物）。羊在国内为主要传染源，其次为牛和猪。这些家畜得病后，早期往往导致流产或死胎，其阴道分泌物特别具传染性，其皮毛、各脏器、胎盘、羊水、胎畜、乳汁、尿液也常染菌。病畜乳汁中带菌较多，排菌可达数月至数年之久。动物的易感性随性成熟年龄接近而增高。与病羊接触、加工病羊肉制品操作不规范的人也容易感染。

➕ 临床症状

牛常不表现临诊症状，首先被注意到的症状是生殖系统疾病，如子宫内膜炎、睾丸炎、关节滑膜炎等（图 2-3-2 至图 2-3-5）。

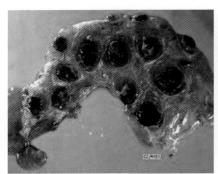

图 2-3-2　子宫内膜炎

图 2-3-3　流产母牛阴道排出灰白色或棕红色有恶臭分泌物

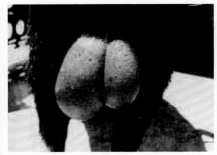

图 2-3-4　睾丸炎

图 2-3-5　病牛滑膜炎引起关节肿大

羊的临床表现与牛相似，主要表现为流产、乳腺炎、关节炎、滑液囊炎、睾丸炎和附睾炎等（图2-3-6、图2-3-7）。

➕ **病理变化**

病变主要在子宫内部（图2-3-8）。子宫绒毛膜间隙有污灰色或黄色无气味的胶样渗出物；绒毛可见有坏死病灶，表面覆以黄色坏死物或圬灰色脓液；胎膜因水肿而肥厚，呈胶样浸润，表面覆以纤维素和脓汁。流产的胎儿主要为败血症变化（图2-3-9），脾与淋巴结肿大，肝脏中有坏死灶，肺常见支气管肺炎。

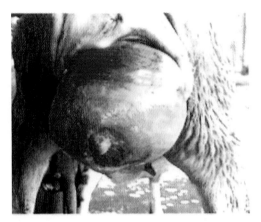

图2-3-6 羊子宫炎

图2-3-7 公羊睾丸肿大

图2-3-8 流产胎盘子叶坏死、出血

图2-3-9 流产胎儿全身肿胀，有出血斑

➕ 诊断与治疗

1. 诊断

根据流行病学资料，以及流产、胎儿、胎衣的病理变化，胎衣滞留、不育等临床症状做出初诊，但只有通过实验室诊断才能确诊，目前常用的是血清学诊断。

2. 治疗

本病目前尚无特效的药物治疗，只有加强预防检疫、免疫淘汰患病动物等措施。

➕ 预防与控制

1. 未发生牛羊布氏杆菌病时的措施

（1）着重体现"预防为主"的原则。

（2）在未感染动物群中，控制本病的最好办法是自繁自养。必须引进种畜或补充畜群时，将牲畜隔离饲养2个月，同时进行布氏杆菌病检查，全群2次免疫生物学检查为阴性者，才能与原畜群接触。

（3）严格执行定期检疫制度，保证牛羊群健康。一经发现带菌者，立即淘汰。

（4）疫苗接种也是控制本病的有效措施。我国主要使用布鲁氏菌19# 菌苗、猪布鲁菌2号弱毒疫苗和马耳他布鲁菌5号弱毒活苗。

2. 已发生布氏杆菌病时的措施

（1）清净的动物群定期检疫（至少每年1次），一经发现带菌者，立即淘汰。对阳性者需进行扑杀。阴性者作为假定健康动物继续观察检疫，经1年以上无阳性出现者，且已正常分娩，可认为是无病畜群。

（2）畜群中如果出现流产，除隔离流产动物，消毒环境，以及清理胎儿、胎衣外，还应尽快做出诊断。

（3）做好消毒工作，切断传播途径。对流产胎儿、胎衣，以及患病动物分泌物、粪、尿，及其污染的环境、动物舍、用具等均应消毒。

流产物和病死动物消毒后必须深埋，污染的环境用消毒剂（20% 漂白粉、10% 石灰乳或 5% 热火碱水）严格消毒；患病动物乳及其制品煮沸消毒。

（4）保护易感人群，禁止徒手为疫畜接产及处理流产物，重点人群预防接种，加强职业人群的个人防护。

第四节　羊梭菌病

➕ 简介

羊梭菌病是由梭状芽孢杆菌属中的细菌（图2-4-1）引起的一类急性传染病，包括羊快疫、羊猝疽、羊肠毒血症、羊黑疫和羔羊痢疾等。这些病分别由不同型的病原菌引起。

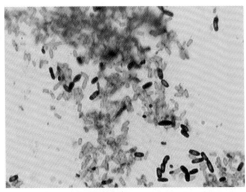

图 2-4-1　梭状芽孢杆菌

➕ 羊快疫

羊快疫是由腐败梭菌引起羊的一种急性传染病。以突然发病，病程短促，皱胃黏膜呈出血性炎性损害为特征。

1. 流行病学

病羊多为 6~18 月龄、营养较好的绵羊，山羊较少，多发于春、秋季。羊采食了污染的饲料或饮水，当外界存有不良诱因，如气候骤变、阴雨连绵、体内寄生虫等时都可诱发本病。以散发为主，发病率低而病死率高。

2. 临床症状

（1）最急性型。病羊突然停止采食和反刍，磨牙、腹痛、呻吟，四肢分开，后躯摇摆，呼吸困难，口鼻流出带泡沫的液体，痉挛倒地，四肢呈游泳状，2~6 小时死亡。

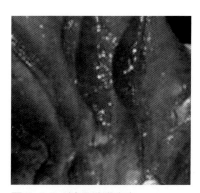

图 2-4-2　皱胃黏膜出血

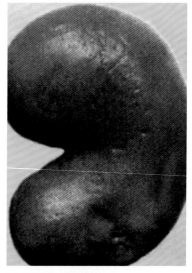

图 2-4-3　肾瘀血

（2）急性型。病初精神不振，食欲减退，步态不稳，排粪困难，卧地不起，腹部膨胀，呼吸急促，眼结膜充血，呻吟，流涎。粪便中带有炎性产物或黏膜，呈黑绿色。体温升高到40℃以上时呼吸困难，不久后死亡。

3. 病理变化

刚死的羊皱胃底部及幽门附近的黏膜常有略低于周围正常黏膜的出血斑块和坏死区，黏膜下组织水肿，胸、腹腔及心包积液，心的内外膜和肠道有出血点，胆囊多肿胀（图 2-4-2）。肝肾等实质器官有不同程度瘀血（图 2-4-3）。

4. 诊断与治疗

（1）诊断。在羊生前诊断本病有困难，根据流行特点和临诊症状只能初步诊断，死后剖检可见皱胃出血，确诊需进行细菌学检验。

（2）治疗。病羊往往来不及治疗而死亡。对病程稍长的羊，可治疗。

①青霉素，肌内注射，每次80万~160万单位，每天2次。

②磺胺嘧啶，灌服，按每次每千克体重5~6克，连用3~4次。

③10%~20% 石灰乳，灌服，每次50~100毫升，连用1~2次。

④复方磺胺嘧啶钠注射液，肌内注射，按每次每千克体重15~20毫升，每天2次。

⑤磺胺脒，按每千克体重8~12克，第一天灌服1次，第二天分2

次灌服。

5. 预防与控制

（1）在易发地区每年春、秋两季注射羊四联或羊快疫专用菌苗。

（2）每年秋、冬、初春季节不在潮湿地区放牧。

（3）在易发季节，适时补饲精料，增加营养，提高抗病能力，不让羊采食冻草，防寒防感冒。

（4）发现可疑病羊，立即上报有关部门，采取隔离消毒，防止疫情扩散。

（5）对病程较长的病羊进行治疗。

➕ 羊猝疽

> 羊猝疽是由 C 型魏氏梭菌引起的一种毒血症，以急性死亡、腹膜炎和溃疡性肠炎为特征。

1. 流行病学

本病发生于成年绵羊，以 1~2 岁绵羊为主。常见于低洼、沼泽地区，多发于冬、春两季。主要经消化道感染。常呈地方性流行。

2. 临床症状

本病病程短促，常未见临床症状即突然死亡。有时发现病羊掉群、卧地，表现不安、衰弱、痉挛，眼球突出，在数小时内死亡。

3. 病理变化

主要见于消化道和循环系统。十二指肠和空肠黏膜严重充血、糜烂，有的区段可见大小不等的溃疡（图2-4-4）。胸腔、腹腔和心包大量积液（图2-4-5），后者暴露于空气后，可形成纤维

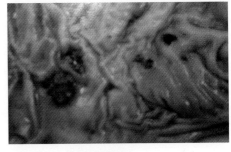

图2-4-4　空肠黏膜溃疡

图 2-4-5　胸腔大量积液

素絮块。浆膜上有小点状出血。病羊刚死时骨骼肌表现正常，但在死后 8 小时内，细菌在骨骼肌内增殖，使肌间隔积聚血样液体，肌肉出血，有气性裂孔。

4. 诊断与防控

根据流行特点、临床症状和病理变化可做出初步诊断。确诊需要进行实验室诊断。

防控可参照羊快疫的防控措施。

➕ 羊肠毒血症

羊肠毒血症是由 D 型产气荚膜梭菌在羊肠道内大量繁殖产生的毒素引起的一种急性毒血症，又称"软肾病"或"类快疫"，其临诊特征为急性死亡，肾脏软化，甚至如泥状。

1. 流行病学

本病发生具有明显的季节性和条件性，多在开春后青草萌发期发生。以绵羊发病为多，山羊较少。通常以 2~12 月龄、膘情好的羊为主；病羊和带菌羊为该病的主要传染源。D 型产气荚膜梭菌为土壤常在菌，也存在污水中，羊采食被芽孢污染的饲草或饮水经消化道感染发生内源性感染。

2. 临床症状

该病发生突然，很快死亡。病羊死前步态不稳，呼吸急促，心跳加快，全身肌肉震颤，磨牙，甩头，倒地抽搐，头颈后仰，左右翻滚，口鼻流出白色泡沫，可视黏膜苍白，四肢和耳尖发凉，哀鸣，昏迷死

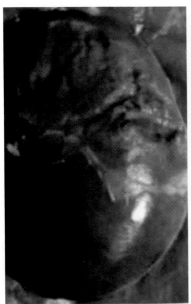

图 2-4-6　肾实质软化

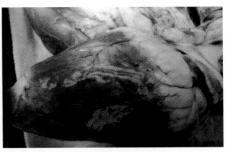

图 2-4-7　心外膜有出血点

图 2-4-8　肠充血、出血

亡。体温一般不高，但有血
糖、尿糖升高现象。

3. 病理变化

肾脏软化如泥（图 2-4-
6），一般认为是一种死后的
变化。体腔积液，心脏扩
张，心内、外膜有出血点（图
2-4-7）。皱胃内有未消化的
饲料，肠道特别是小肠充血、

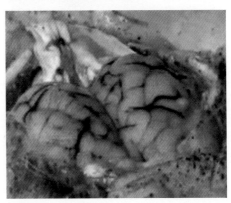

图 2-4-9　脑膜出血

出血，严重者整个肠段肠壁呈血红色或有溃疡（图 2-4-8）。肺脏出血、
水肿，胸腺出血，脑膜血管怒张（图 2-4-9）。

---

4. 诊断与治疗

确诊的依据是在肾脏和其他实质性脏器内发现 D 型产气荚膜梭菌，在肠道内发现大量该菌，尿中发现葡萄糖。

前面介绍的治疗羊快疫的①至④条措施同样适用于羊肠毒血症的治疗。

5. 预防与控制

加强饲养管理。农区、牧区春夏之际避免羊过食青绿多汁饲料，秋季避免采食过量结籽牧草。发病时搬羊圈至高燥地区。常发区定期注射羊厌气菌三联苗或五联苗，大小羊只一律皮下注射或肌内注射 5 毫升。初次免疫后，需间隔 2~3 周再加强 1 次。

➕ 羊黑疫

羊黑疫是由 B 型诺维梭菌引起的绵羊和山羊的一种急性高度致死性毒血症，又称传染性坏死性肝炎。该病的临诊特征为突然发病，病程短促，皮肤发黑，肝实质发生坏死病灶。

1. 流行病学

本病发生有一定的季节性，多发生在每年的秋末。有一定的区域性，多发生在低洼沼泽、肝片形吸虫污染地区。青年羊感染率高，死亡也多。老龄羊和羔羊较少发生，死亡率低。肝片形吸虫病是诱发本病的主要原因。病羊为主要传染源，多通过食入芽孢污染的牧草、饲料或饮水等经消化道感染。

2. 临床症状

临床症状与羊快疫、羊肠毒血症极其相似。突然死亡，因此常常只能发现尸体。少数病例病程可拖延 1~2 天。病羊掉群，不食，体温升至 41.5℃，常昏睡俯卧，无痛苦地突然死亡。

3. 病理变化

皮下静脉显著瘀血，使羊皮呈暗黑色。皱胃和小肠充血、出血

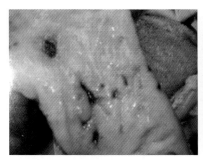

图 2-4-10　皱胃充血、出血

图 2-4-11　小肠充血、出血

（图 2-4-10、图 2-4-11）。肝脏表面和深层有数目不等的灰黄色坏死灶（图 2-4-12），周围有一鲜红色充血带围绕，切面呈半月形。

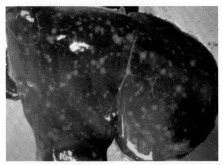

图 2-4-12　肝表面可见大小不等的灰黄色坏死灶

4. 诊断与治疗

根据病羊临诊症状、羊皮呈暗黑色等病理变化可做出初步诊断。确诊需进行细菌分离鉴定和卵磷脂酶试验检查毒素，或用荧光抗体技术检查诺维梭菌。

前面介绍的治疗羊快疫的①至④条措施同样适用于羊黑疫的治疗。另外，可用抗诺维氏梭菌血清 50~80 毫升，于发病早期静脉注射或肌内注射，每天 1 次，连用 2 次。

5. 预防与控制

流行此病的地区应作好控制肝片形吸虫的感染工作（杀虫灭螺）；在发病地区，定期接种羊厌气菌五联菌苗或羊厌气菌七联干粉苗，或用羊黑疫、羊快疫二联苗。初次免疫后，间隔 2~3 周再加强 1 次。

发现病死羊及时焚烧并深埋，防止病原扩散；隔离病羊，环境彻底消毒。羊群紧急接种疫苗，并迅速转移到干燥地方放牧。

⊕ 羔羊痢疾

羔羊痢疾是由 B 型产气荚膜梭菌引起的初生羔羊的一种急性毒血症。该病以剧烈腹泻、小肠发生溃疡和羔羊大批死亡为特征。

1. 流行病学

本病主要危害 7 日龄以内的羔羊，其中又以 2~3 日龄的发病最多。纯种细毛羊和改良羊的适应性比本地羊差，发病率和死亡率高。母羊营养不良，产羔季节过热或过冷均有利于本病发生。病羊及带菌羊是本病主要传染源，可通过羔羊吮乳，或食入被芽孢污染的牧草、饲料或饮水等，经消化道感染，也可通过脐带或创伤感染。

2. 临床症状

潜伏期为 1~2 天，病初精神委顿，低头拱背，不想吃奶。不久就发生腹泻，粪便恶臭，有的稠如面糊，有的稀薄如水。到了后期，有的还含有血液，直到成为血便。病羔逐渐虚弱，卧地不起。若不及时治疗，常在 1~2 天内死亡（图 2-4-13）。

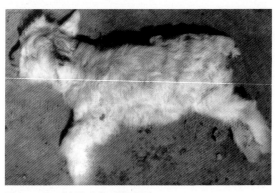

图 2-4-13 羔羊头向后仰死亡

3. 病理变化

尸体严重脱水，皱胃内存在未消化的凝乳块，小肠（特别是回肠）发生出血性肠炎（图 2-4-14），肠黏膜充血、发红，病程稍长可见小肠或结肠黏膜出现溃疡，溃疡周围有一出血带环绕，有的肠内容物呈血色。肠系膜淋巴结肿胀、充血、出血（图 2-4-15）。心包积液，心内膜有出血点。肺有充血区或瘀血斑。

4. 诊断与治疗

（1）诊断。在常发地区，根据流行病学、临床症状和病理变化可做出初步诊断。确诊可进行细菌分离鉴定和毒素中和试验。

（2）治疗。治疗羔羊痢疾的方法很多，应根据当地条件和实际效果选用。

① 20% 长效土霉素注射液 0.1 毫升 / 千克体重，肌内注射，每天 1 次，连用 3 次。

② 5% 氟苯尼考注射液 20 毫升 / 千克体重，肌内注射，每天 1 次，连用 3 次。

③磺胺脒片 0.1~0.2 克 /

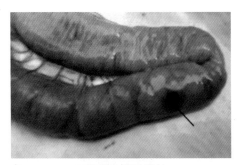

图 2-4-14　肠黏膜内的溃烂灶

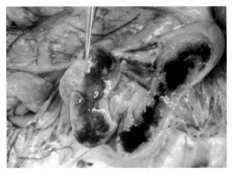

图 2-4-15　肠系膜淋巴结肿胀、出血

千克体重，碳酸氢钠片 0.5~1 克，硅碳银片 2~4 片，次硝酸铋片 2~4 片，颠茄片 2~3 毫克，加水内服，每天 2 次，连用 3~5 天。

④先灌服含 0.5% 福尔马林的 6% 硫酸镁溶液 30~60 毫升，6~8 小时后再灌服 1% 高锰酸钾溶液 10~20 毫升，每天服 2 次。

⑤土霉素 0.2~0.3 克、胃蛋白酶 0.2~0.3 克，加水灌服，每天 2 次，连用 2~3 天。

如并发肺炎时可用青霉素、链霉素各 20 万单位混合肌内注射，每天 2 次。在使用上述药物的同时，要适当采取对症治疗措施，如强心、补液、镇静等。

5. 预防与控制

加强孕羊的饲养管理，供给配合饲料和优质饲草，保证羊舍舒适卫生，冬季保暖，夏季防暑；产羔前对产房进行彻底消毒，注意接产卫生，脐带严格消毒，辅助羔羊吃奶。在常发地区，每年应定期注射能防羔羊痢疾的四联苗，或五联苗、七联苗。

发生羔羊痢疾后，应立即隔离病羔，垫草烧掉，粪便堆积发酵处理，污染的环境、土壤、用具等用 3%~5% 来苏儿消毒。

第五节 炭 疽 病

➕ 简介

炭疽病是由炭疽杆菌（图2-5-1）引起的人兽共患急性、热性、败血性传染病。发病动物以急性死亡为主，脾脏显著肿大，皮下及浆膜下结缔组织出血浸润，血液凝固不良呈煤焦油样，尸体极易腐败等。

图 2-5-1 炭疽杆菌

➕ 易感动物

自然条件下，草食动物最易感，其次是肉食动物。其中以绵羊、山羊、马、牛和鹿最易感，骆驼和水牛及野生草食动物次之。实验动物中以豚鼠、小鼠、家兔较易感，大鼠易感性差。

➕ 传染途径

本病主要通过采食污染的饲料、饲草及饮水或饲喂含有病原体的肉类经消化道感染，也可通过吸血昆虫叮咬经皮肤感染。附着在尘埃中的炭疽芽孢可通过呼吸道感染易感动物。

➕ 流行病学

本病的主要传染源是患病动物，其粪、尿、唾液等排泄物和分泌物及天然孔出血都可以排菌，加之如果尸体处理不恰当，会使大量病原菌散播于周围环境，一旦形成芽孢，污染土壤、水源或牧场，可能成为长久疫源地。本病一年四季均可发生，常呈散发，有时可为地方性流行，干旱或多雨、洪水泛滥、吸血昆虫大都是促进炭疽病暴发的因素。此外，从疫区输入患病动物产品，如骨粉、皮革、毛发等也常引起本病的暴发。

➕ 临床症状

本病潜伏期一般为1~5天。牛羊临诊多表现为最急性型。生前不易察觉症状，突然倒地，全身痉挛，摇摆，昏迷，磨牙，呼吸极度困难，天然孔流出带有气泡的黑红色血液（图2-5-2），在数分钟内死亡。

图 2-5-2 羊突然倒地而亡，口鼻流血

➕ 病理变化

主要为败血症变化。尸体膨胀明显，尸僵不全，天然孔有带气泡黑红色血液。脾脏肿大（图2-5-3），全身淋巴结出血和肿大（图2-5-4），内脏充血和出血（图2-5-5），皮下有胶冻样水肿。

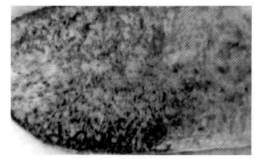

图 2-5-3 脾脏肿大，表面有出血点

➕ 诊断与治疗

最急性病例往往缺乏临诊症状，对疑似病死动物又禁止解剖，因

图 2-5-4　淋巴结出血和肿大

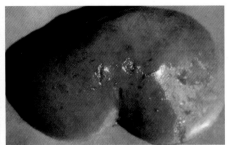

图 2-5-5　肾肿大、瘀血、出血、变形，表面有灰白色坏死灶

此最后诊断一般要依靠微生物学及血清学方法。可取患病动物的末梢静脉血或切下一小块耳朵，进行染色后镜检或 PCR 检测。

抗炭疽高免血清是治疗炭疽病的特效药物。对可疑动物，氯霉素、庆大霉素、四环素，以及磺胺类药物都有良好的治疗效果。除去病牛羊后，全群再用药 3 天，有一定效果。

➕ 预防与控制

（1）平时应注意饲养管理，避免牛羊受寒。

（2）对炭疽病疫区的牛羊，每年秋季应进行炭疽病预防接种，春季给新牛羊补种。常用的疫苗有无毒炭疽芽孢苗和炭疽二号芽孢苗，接种后 14 天产生免疫力，免疫期为 1 年。

（3）对已确诊的患病动物一般不予治疗，应严格销毁。如特殊动物必须治疗时，应严格隔离和防护。

（4）疑似发生本病时，要立即从尸体的末梢血管采血，连同 1 小块耳组织，密封在小瓶内，派专人送往兽医检验部门进行检验。未确定诊断前万万不可剖解尸体。

（5）确诊发生本病时，应尽快上报疫情，划定疫点、疫区，采取隔离封锁等措施，并同时采取以下措施：

①同群或接触过的假定健康动物紧急注射炭疽疫苗。

②患病动物在采取严格防护措施的情况下进行扑杀并做无害化处理。病死动物的尸体严禁解剖，必须销毁。尸体天然孔及切开处用浸泡过消毒液的棉花或纱布堵塞，连同可能被污染的地面土壤（掘地15~20厘米深），与20%漂白粉或新鲜石灰混合深埋。

③全场进行彻底消毒，畜舍、场地、用具等用10%热烧碱或20%漂白粉消毒。患病动物吃剩的草料和排泄物要深埋或焚烧。

④工作人员自身做好防护，有外伤的人员不得接触上述工作。

第六节　放线菌病

➕ 简介

　　放线菌病是牛型放线菌和林氏放线杆菌引起的牛羊的一种慢性化脓性肉芽肿性传染病，俗称大颌病。其特征为在头、颈、下颌和舌上发生放线菌肿。

➕ 易感动物

　　主要侵害青年牛和羊，特别是 1 岁以内的羊和 2~5 岁的牛，其他动物如马、猪也可感染发病。

➕ 传染途径

　　本病的病原体不能从完好的黏膜、皮肤侵入。当换牙或采食粗糙带刺的饲料时，口腔黏膜被刺破，为此菌的侵入创造了条件，也可由呼吸道吸入而侵害肺脏。

➕ 流行病学

　　放线菌病的病原不仅存在于污染的土壤、饲料和饮水中，而且还寄生于动物口腔、咽部黏膜、扁桃体和皮肤等部位。因此，黏膜或皮肤上只要有破损，便可发生感染。本病一般呈散发，病程长。

➕ 临床症状

　　常见下颌骨肿大。最初的症状是下唇和面部的其他部位增厚，几个月后才在增厚的皮下组织中形成直径 5 厘米左右、单个或多数的坚硬结节（图 2-6-1）。骨组织严重侵害时，骨质变疏松，形成瘘管，经

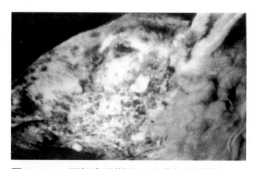

图2-6-1 面部皮肤增厚，形成坚硬结节

图2-6-2 放线菌感染引起的多部位肿胀

久不愈。软组织部位发生病变时，局部形成坚硬的肿胀，肿胀有蚕豆大、拳头大至小孩头大（图2-6-2）。舌受侵害时，舌肿大、坚硬，活动困难，故称"木舌"（图2-6-3）。

➕ 病理变化

放线菌在组织内感染引起组织坏死、化脓，脓汁可穿透皮肤向外排脓，形成瘘管。在骨组织内的放线菌瘘管是弯弯曲曲伸向骨组织深部，破坏骨组织，呈豆腐渣状（图2-6-4）。软组织的放线菌病灶，其瘘管都伸向颌下间隙深部。脓液中含有黄白色、坚硬、光滑的细小菌块，

图2-6-3 舌体增粗变硬

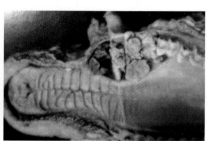

图2-6-4 上颌骨的放线菌肿

似硫黄颗粒。舌体患病时增粗变硬。

➕ 诊断与治疗

1. 诊断

根据流行特点、临床症状和病理变化即可确定，必要时进行脓液镜检。注射器抽取脓汁滴 1~2 滴至载玻片，加 1 滴 10% 氢氧化钠，混匀后，加盖玻片搓压、镜检，有黄色的菊花状菌，即可确认为放线菌病。

2. 治疗

（1）初期肿胀，采取封闭疗法，用青霉素 80 万单位、链霉素 50 万单位、0.25% 普鲁卡因 20 毫升，注射在肿胀四周。

（2）若肿胀单个存在并尚未软化时，可采取手术剥离摘除治疗。

（3）若已化脓，表现肿胀，中央皮肤变薄，内有波动感，可采取切开脓疱排除脓液，用 2% 来苏儿反复冲洗创腔，最后用碘酊纱布填塞即可。

（4）若舌体发病，可用小宽针穿刺肿胀部放出毒水，然后用青霉素、链霉素各 80 万单位，注射用水 10 毫升，从颌下间隙注入舌体。

➕ 预防与控制

粗硬的饲料可以损伤口腔黏膜，促进放线杆菌的侵入。所以不用带刺或带芒的粗硬干草饲料喂牛羊，如用蒿秆、谷糠或其他粗饲料需浸软后饲喂。注意饲料及饮水卫生，避免到低湿地区放牧。

如有发病，按上述治疗措施治疗即可。

➕ 临床症状

1. 牛巴氏杆菌病

又名牛出血性败血症，可分为急性败血型、浮肿型和肺炎型 3 种。

（1）急性败血型。少数牛突然倒毙，无任何症状。多数牛体温突然升高到 41~42℃，精神沉郁，食欲废绝，反刍停止。病牛表现腹痛，开始下痢，粪便初为粥状，后呈液状，其中混有黏液、黏膜片及血液，并有恶臭。有时鼻孔和尿中有血，一般于 24 小时之内虚脱至死。

（2）肺炎型。病牛呼吸困难，有痛性干咳，鼻流无色或带血泡沫。剖检主要表现为纤维素性胸膜肺炎临诊症状，胸腔内有大量蛋花样液体，肺与胸膜、心包粘连，肺组织肝样变，切面红色、灰黄色或灰白色，散在有小坏死灶（图 2-7-2）。病畜便秘，有时下痢并混有血液。

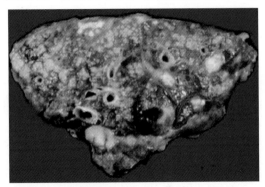

图 2-7-2　肺炎型病变

（3）水肿型。多见于牦牛，病牛胸前和头颈部水肿，严重者波及腹下，肿胀硬固热痛。舌高度肿胀，呼吸困难，皮肤和黏膜发绀，往往因窒息而死。

2. 羊巴氏杆菌病

多见于羔羊。可分为最急性型、急性型和慢性型 3 种。

（1）最急性型。多见于哺乳羔羊，突然发病，出现寒战、虚弱、呼吸困难等症状，常于数分钟至数小时内死亡。

（2）急性型。病羊精神沉郁，体温升高到 41~42℃，咳嗽，鼻孔常有出血，有时混有黏液。初期便秘，后期腹泻，有时粪便全部变为血水。病羊常在严重腹泻后虚脱而死，病期 2~5 天。

（3）慢性型。病羊消瘦，不思饮食，流脓性鼻液，咳嗽，呼吸困难。有时颈部和胸下部发生水肿。结膜炎，腹泻。临死前极度衰弱，体温下降。病程可达3周。

➕ **病理变化**

皮下血管充血、出血（图2-7-3），气管出血（图2-7-4），肺瘀血、出血，间质水肿、增宽，切面有大量浆液流出；肺脏与胸壁粘连（图2-7-5）；胃黏膜出血（图2-7-6）；其他脏器呈水肿和瘀血，有小点状出血，但脾脏不肿大。病程较长者，尸体消瘦，皮下胶样浸润，常见纤维素性肺炎，肝脏表面有坏死灶（图2-7-7）。

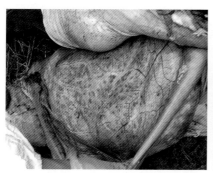

图2-7-3 皮下出血（翟少伦供图）

图2-7-4 气管出血（翟少伦供图）

图2-7-5 肺脏与胸壁粘连

图2-7-6 胃黏膜出血

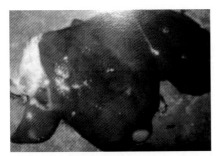

图2-7-7 肝脏表面有坏死灶

⊕ 诊断与治疗

1.诊断

采取病死牛羊的肺、肝、脾及胸腔液，制成涂片，用瑞氏、姬姆萨或美蓝染色后镜检，可看到明显的两极浓染的革兰氏阴性短杆菌，再结合流行特点、临诊症状和病理变化即可做出诊断。

2.治疗

常用的治疗药物有丁胺卡那霉素、庆大霉素、氧氟沙星等多种抗生素，也可选用高免或康复动物的抗血清。

⊕ 预防与控制

1.预防

平时应注意饲养管理，注意通风换气和防暑防寒，定期进行牛羊舍及运动场消毒。坚持全进全出的饲养制度。在经常发生本病的疫区，可以定期接种牛羊出血性败血病菌苗。

2.控制

发生本病时，应立即隔离病牛羊并严格消毒其污染场所，在严格隔离的条件下对病牛羊进行治疗。

第八节 链球菌病

⊕ 简介

链球菌病是由 β 溶血性链球菌（图2-8-1）引起的多种人畜共患病的总称。链球菌病的临诊表现多种多样，可以引起各种化脓创和败血症，也可表现为局限性感染。羊链球菌病俗称"嗓喉病"，牛链球菌病以犊牛肺炎链球菌病为主。

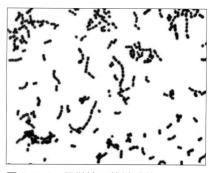

图 2-8-1 显微镜下的链球菌

⊕ 易感动物

链球菌的易感动物较多，牛、绵羊、山羊、猪、马属动物、鸡、兔、水貂及鱼等均有易感性。

⊕ 传染途径

患病和病死动物是主要传染源，带菌动物也是传染源。仔猪多是由母猪传染而引起。主要经呼吸道和受损的皮肤及黏膜感染，也可通过羊虱蝇等吸血昆虫叮咬传播。

⊕ 流行病学

1. 羊链球菌病

病死羊的肉、骨、皮、毛等可散播病原。新发病区常呈流行性发生，老疫区则呈地方性流行或散发性流行。一般于冬、春季节气

候寒冷、草质不良时发生，尤其 2—3 月发病最多。发病率一般为
15%~24%，病死率可达 80%~90%。

2. 牛链球菌病

本病主要发生于 3 周龄以内的犊牛，发病时间多集中在 1—3 月。
患病和病死犊牛是主要传染源。犊牛可因断脐时处理不当引起脐感染。
饲养管理不当，环境卫生差，夏热冬寒、气候骤变等使犊牛抵抗力下
降时均可引起发病。寒冷季节发病的死亡率高

➕ 临床症状

1. 羊链球菌病

本病潜伏期 2~7 天，少数长达 10 天。

（1）最急性型。病羊初发临床症状不明显，常于 24 小时内死亡。

（2）急性型。病羊病初体温升高至 41℃以上，精神委顿、垂头、
弓背、呆立，不愿走动。食欲减退或废绝，停止反刍。眼结膜充血，
流泪，随后出现浆液性分泌物（图 2-8-2）。鼻腔流出浆液性脓性鼻汁。咽喉肿胀，咽背和颌下淋巴结肿大，呼吸困难，流涎、咳嗽。粪便有时带有黏液或血液。孕羊阴门红肿，多发生流产。最后

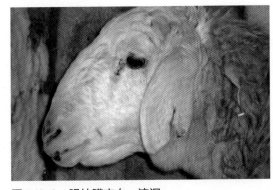

图 2-8-2　眼结膜充血，流泪

衰竭倒地，多数窒息死亡。病程 2~3 天。

（3）亚急性型。体温升高，食欲减退。流黏性透明鼻汁，咳嗽、
呼吸困难。粪便稀软带有黏液或血液。嗜卧、不愿走动，走时步态不
稳。病程 1~2 周。

（4）慢性型。一般轻度发热、消瘦、食欲不振、腹围缩小、步态

僵硬。有的病羊咳嗽，有的出现关节炎（图2-8-3）。病程1个月左右，转归死亡。

图2-8-3　关节肿大

2. 牛链球菌病

（1）最急性型。病初全身虚弱，不愿吮乳，发热，呼吸极度困难，眼结膜发绀，心脏衰弱，神经紊乱，四肢抽搐、痉挛，在几小时内死亡。

（2）急性型。突然发病，精神沉郁，食欲废绝，体温升高至39.5~41.3℃，腹式呼吸，呼吸急促、浅表，气喘，每分钟可达80~100次，心跳加快，每分钟80~110次，多于病后10天内死亡。

（3）慢性型。病牛流涎，咳嗽，流浆液性或脓性鼻液（图2-8-4）；呼吸急促，气喘，腹式呼吸；可视黏膜发绀；体温升高，食欲废绝，目光无神，眼窝下陷，被毛粗乱，极度消瘦。

图2-8-4　流浆液性或脓性鼻液

➕ **病理变化**

1. 羊链球菌病

剖检可见皮下结缔组织充血，咽喉部高度水肿（图2-8-5），胸腔内有深黄色的胶样渗出液，肺实质出血，呈浆液纤维素性肺炎。心内、外膜都有点状出血。肝脏肿大（图2-8-6），表面有少量出血点。胆囊肿大，充满黑绿色胆汁（图2-8-7）。脑膜充血、出血。肾脏质地变脆、变软，肿胀，被膜不易剥离（图 2-8-8）。小肠黏膜脱落，肠内容物混有血液。肠系膜淋巴结出血，肿大。

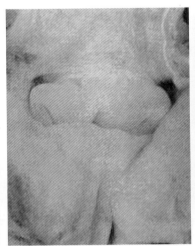

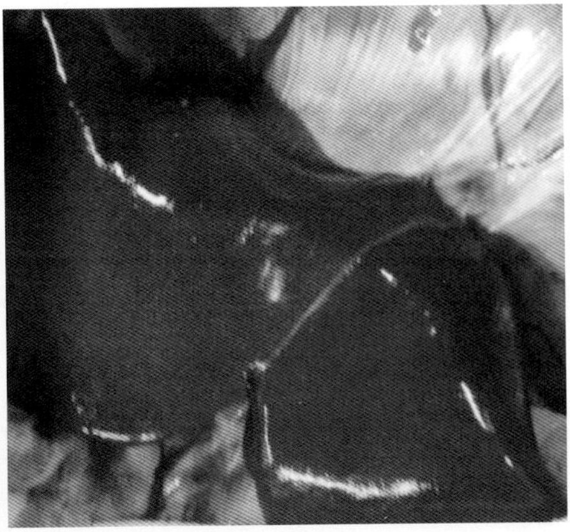

图 2-8-6 肝脏肿大

图 2-8-5 咽喉部肿胀

图 2-8-7 胆囊肿大，充满黑绿色胆
汁

图 2-8-8 肾脏质地变脆、变软，被膜不易
剥离

2. 牛链球菌病的病例变化

剖检可见浆膜、黏膜和心包出血。胸腔内有多量混有血液的渗出液。脾脏充血性、增生性肿大，皮髓黑红色，质地坚韧如硬橡皮，即所谓的"橡皮脾"，是本病的典型特征。肝脏和肾脏充血、出血，有的出现脓肿。

➕ 诊断与治疗

1. 诊断

根据流行特点、临床症状和病理变化可做出初步诊断，确诊应进行实验室诊断。主要有细菌学检查、培养检查和动物接种等方法。

2. 治疗

应用抗菌类药物治疗有效。当分离出致病链球菌后，应立即进行药敏试验。根据试验结果选出特效药物进行全身治疗。局部治疗：先将局部溃烂组织剥离，切开脓肿，清除脓汁，清洗和消毒，然后用抗生素或磺胺类药物以悬液、软膏或粉剂置入患处。

➕ 预防与控制

平时应建立和健全消毒隔离制度。保持圈舍清洁、干燥及通风，经常清除粪便，定期更换垫草，保持地面清洁。引进动物时必须经检疫和隔离观察，确证健康时方能混群饲养。为防止羊链球菌病的发生，每年在发病季节到来前，用羊链球菌氢氧化铝甲醛疫苗进行预防注射。

发生本病时，要采取封锁、隔离、消毒、检疫、药物预防及尸体处理等紧急措施，以期就地扑灭。病牛羊和疑似病牛羊要隔离治疗，场地、器具等用含有 1% 有效氯的漂白粉、10% 的石灰乳或 3% 的来苏儿严格消毒，牛羊粪及污物等堆积发酵，病死牛羊进行无害化处理。

第三章　牛羊其他常见病

第一节　片形吸虫病

➕ 简介

　　牛羊片形吸虫病主要是由片形科（Fasciolidae）片形属（*Fasciola*）的肝片形吸虫（*F. hepatica*）和大片形吸虫（*F. gigantica*）引起，寄生于牛、羊等反刍动物的肝脏胆管和胆囊内引起的一种重要寄生虫病。该病能引起急性或慢性肝炎和胆管炎，并伴发全身性中毒现象和营养障碍，危害相当严重。人、猪、兔及一些野生动物也有被感染的报道，具有一定的公共卫生意义。

➕ 形态特征

　　肝片形吸虫有口、腹吸盘，其中口吸盘呈圆形，生殖孔位于口吸盘与腹吸盘之间，雌雄同体。雄性生殖器官两个睾丸分枝；雌性生殖器官的卵巢呈广角状，位于腹吸盘后右侧。虫卵较大，呈椭圆形，黄色或黄褐色，卵盖不明显，卵内充满卵黄细胞和一个胚细胞。临床检出虫体和卵可作鉴定判断（图 3-1-1）。

　　大片形吸虫呈长叶状，体长与宽之比约 5∶1。虫体两侧缘比较平行，后端钝圆，腹吸盘较口吸盘大 1.5 倍左右，肠管和睾丸的分枝更多且复杂。虫卵为黄褐色，呈卵圆形。临床检出虫体和卵形可作鉴定判断（图 3-1-1、图 3-1-2）。

F. hepatica

F. gigantica

图 3-1-1　片形吸虫成虫

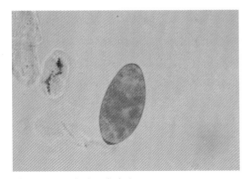

图 3-1-2 片形吸虫虫卵

➕ 易感动物及生活史

牛、羊等反刍动物是片形吸虫的主要终末宿主，中间宿主为椎实螺科的淡水螺。虫卵在 25~26℃，氧气、水分及光线条件下经 10~20 天孵化出毛蚴，毛蚴遇到椎实螺后钻入其体内进行无性繁殖，经胞蚴、子雷蚴和尾蚴几个发育阶段，最后尾蚴逸出螺体。尾蚴在水中或附着在水生植物上脱掉尾部，形成囊蚴。牛、羊饮水或吃草时，连同囊蚴一起吞食，囊蚴在牛、羊体内经脱囊、移行至胆管，发育成成虫（图 3-1-3）。

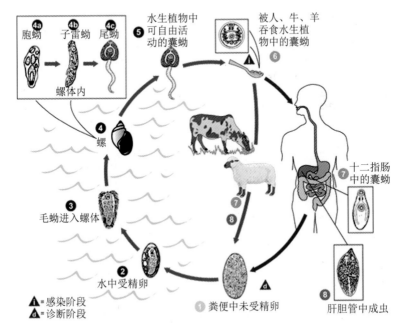

图 3-1-3 片形吸虫生活史

➕ 流行病学

片形吸虫分布广泛，呈世界性分布，除南极洲外，其他地区均有感染报道，是危害最为严重的牛羊寄生虫病之一。该病的流行与其中间宿主椎实螺的分布密切相关。多在低洼、潮湿、多沼泽的地区流行。华南地区牛羊养殖多处于我国水网地域，养殖方式大部分为放牧养殖加舍饲相结合，少部分完全放牧养殖，水域中的椎实螺、扁卷螺等淡水螺为该病的传播起到重要作用。虫卵在低于 12℃ 的低温中停止发育，在低于 0℃ 或高于 50℃ 的环境中死亡。囊蚴对外界环境抵抗力较强，在潮湿的环境中可以存活 3~5 个月。该病在气候温和、雨量充足的夏秋季节感染高发，幼虫危害多在秋末冬初时表现，成虫危害多在冬末春初时表现。华南地区气候温暖，感染季节较长，有时冬季也有感染的发生。

➕ 临床症状

通常情况，片形吸虫的临床症状与虫荷数量、毒素作用、动物健康状况有直接关系。家畜中以绵羊对片形吸虫最为敏感，山羊、牛次之。该病的感染分为急性型和慢性型，其中急性型由幼虫的移行引起，多见于夏秋季；慢性型由成虫引起，发生于冬春季。临床急性型多表现为体温升高、精神沉郁、食欲减退，可出现突然倒地、食欲下降、消瘦、可视黏膜苍白黄染，严重者几天内死亡。慢性型多表现为消瘦、贫血，被毛粗乱无光，眼睑、颌下、胸下水肿，食欲下降，便秘和下痢交替出现，病程 1~2 个月因恶病质而死。出现水肿，下颌触之有波动感，软面团样，无热无痛。

➕ 病理变化

急性感染病理变化主要表现为幼虫穿过肠壁到腹腔，不断破坏组织和摄取组织为食，之后以肝细胞为食，形成"虫道"。引起寄生性出

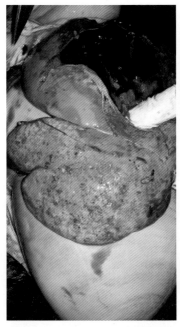

图 3-1-5 病死山羊肝内吸虫（翟少伦供图）

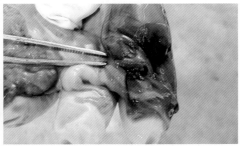

图 3-1-4 病死山羊肝脏变性破 图 3-1-6 病死山羊胆囊内吸虫（翟少伦供图）
裂（翟少伦供图）

血性肝炎（图 3-1-4），肝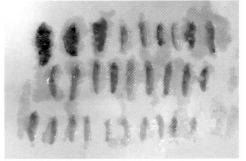
实质梗死，黏膜苍白，血
液稀薄，嗜酸性粒细胞增
多。慢性感染的病变主要
为虫体刺激和代谢物产生
的毒素所致，病畜肝脏肿
大，肝表面见胆管索状凸 图 3-1-7 病死山羊体内的肝片吸虫（翟少伦
起，切开胆管，刀面有切 供图）
入沙粒感觉，其内腥臭，
有蠕动长 2~4 厘米的片状虫体（图 3-1-5 至图 3-1-7）。

➕ 诊断与治疗

1．诊断

该病的诊断需要结合临床症状、流行病学因素、粪便镜检及剖检来综合判定。如在春夏季放牧后，在正常饲养管理条件下出现慢性消瘦、贫血、水肿、消化紊乱等症状结合流行病学调查，可初步怀疑本病。利用水洗沉淀法对粪便进行显微镜下检查发现虫卵，急性病例剖检发现腹腔和肝实质等处有童虫，慢性病例发现肝胆管内有大量虫体即可确诊。此外，ELISA、IHA 等免疫诊断方法，以及血浆酶含量检测法亦被用于该病的普查。

2．治疗

（1）吡喹酮：理想的新型广谱驱吸虫药，毒性极低，应用安全。牛按体重 10 毫克 / 千克，羊按体重 15 毫克 / 千克，一次内服。

（2）硝氯酚：只对成虫有效。粉剂：牛按体重 3~4 毫克 / 千克，羊按体重 4~5 毫克 / 千克，一次内服。

（3）阿苯达唑：对成虫有效，但对童虫效果较差。牛按体重 10 毫克 / 千克，羊按体重 15 毫克 / 千克，一次内服。

（4）溴酚磷（蛭得净）：对成虫和童虫均有较好的驱杀效果，可以用于治疗急性病例。牛按体重 12 毫克 / 千克，羊按体重 15 毫克 / 千克，一次内服。

➕ 预防与控制

（1）预防性定期驱虫，南方地区因常年放牧，每年可驱虫 3 次。驱虫后的粪便须堆积发酵处理。

（2）消灭中间宿主，结合农田改造、水利建设、草场改良等填平低洼处，使椎实螺失去滋生条件；药物灭螺，可选用 1：50 000 的硫酸铜溶液或 20% 的氨水。

（3）加强饲养管理，注意饮水卫生，防止畜禽吃到囊蚴，在地势高、干燥处放牧。

第二节　绦　虫　病

➕ 简介

绦虫病主要是由裸头科莫尼茨属的扩展莫尼茨绦虫和贝氏莫尼茨绦虫引起，广泛寄生于反刍动物小肠内的一种寄生虫病。该病是牛羊等反刍动物最主要的寄生蠕虫病之一，分布广泛，多呈地方性流行，对羔羊和犊牛的危害尤为严重，可以造成大批死亡。随着年龄的增长，牛羊的感染率和感染强度逐渐下降。其临床表现主要为食欲减退，饮欲增加，消瘦，贫血，精神不振，腹泻，粪便中可见孕节。

➕ 形态特征

扩展莫尼茨绦虫和贝氏莫尼茨绦虫在外观上颇为相似，头节小，近似球形，上有 4 个吸盘，无顶突和小钩，体节宽而短。贝氏莫尼茨绦虫呈黄白色，长 1~4 米，宽为 2.6 厘米；扩展莫尼茨绦虫长 1~6 米，宽 1.6 厘米，呈乳白色（图 3-2-1）。成节内有两套生殖器官，每

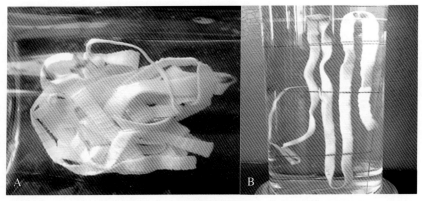

图 3-2-1　莫尼茨绦虫成虫　A. 扩展莫尼茨绦虫；B. 贝氏莫尼茨绦虫

侧一套，生殖孔开口于节片的两侧。卵巢和卵黄腺在体两侧构成花环状。睾丸数百个，分布于整个体节内。子宫呈网状。两种虫体各节片的后缘均有横列的节间腺，扩展莫尼茨绦虫的节间腺为1列小圆囊状物，沿节片后缘分布；贝氏莫尼茨绦虫的呈带状，位于节片后缘的中央（图3-2-2）。扩展莫尼茨绦虫卵近似三角形，贝氏莫尼茨绦虫卵为四角形。卵内有特殊的梨形器，器内含六钩蚴，虫卵的直径为56~67微米（图3-2-3）。

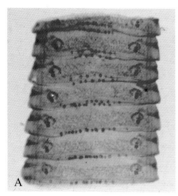

图3-2-2　莫尼茨绦虫成熟节片　A．扩展莫尼茨绦虫；B．贝氏莫尼茨绦虫

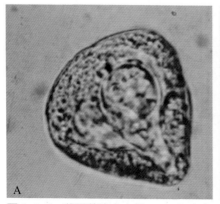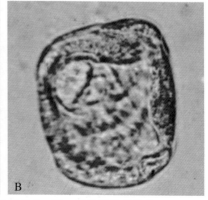

图3-2-3　莫尼茨绦虫虫卵　A．扩展莫尼茨绦虫；B．贝氏莫尼茨绦虫

⊕ 易感动物及生活史

莫尼茨绦虫的成虫主
要寄生于牛、羊、骆驼等
反刍动物的小肠，终末宿
主将孕节片和虫卵随粪便
排出体外。虫卵被中间宿
主地螨类吞食后，在其体
腔内发育至具有感染性的
似囊尾蚴。牛羊等反刍动
物在吃草时，随机吞食了
含似囊尾蚴的地螨而受感
染。地螨在终末宿主体内
被消化，释放出的似囊尾
蚴以其头节附着在肠壁，
45~60 天发育为成虫。虫
体在动物体内的寿命为

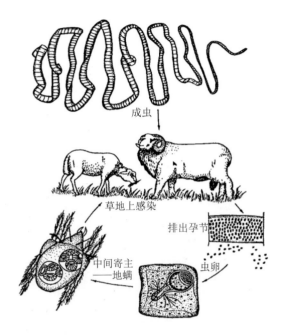

图 3-2-4　莫尼茨绦虫生活史

2~6 个月，后自动排出体外（图 3-2-4）。

⊕ 流行病学

该病主要经过粪—口途径传播。流行具有明显的季节性，这与地
螨的分布、习性有密切的关系。地螨喜潮湿、肥沃的土壤，通常耕种
3~5 年的土地地螨数量相对减少；雨后的牧场，地螨的数量显著增加，
感染率增高。地螨耐寒，对干燥和炎热敏感，通常越冬后，春天气温
回升，地螨活动频繁，而气温 30℃以上，干燥的条件下地螨活动减
弱。因而，该病主要春夏季流行，各地的感染期有所不同，其中南方
回温早，感染高峰一般在 4—6 月；北方牧区回温晚，感染高峰一般在
5—8 月。

➕ 临床症状

绦虫病是幼畜的疾病，成年动物一般无临床症状。动物具有年龄免疫性，特别表现在 3~4 个月龄前的羔羊，它们不感染贝氏莫尼茨绦虫。然而这种免疫力较弱，其保护性至多 2 个月。这种免疫力具有种的特异性。幼羊扩展莫尼茨绦虫病多发于夏秋季，而贝氏莫尼茨绦虫病多在秋后发病。幼羊最初的表现是精神不振，消瘦，离群，粪便变软，后发展为腹泻，粪中含黏液和孕节。进而症状加剧，衰弱，贫血。有时有明显的神经症状，如无目的的运动、抽搐、仰头或做回旋运动，口吐白沫，步样蹒跚，有时有震颤，终至死亡。

➕ 病理变化

病体消瘦，黏膜苍白，贫血。胸腹腔渗出液增多。肠有时发生阻塞或扭转。肠系膜淋巴结、肠黏膜、脾增生。肠黏膜出血，有时大脑出血、浸润，肠内有绦虫，寄生处有卡他性炎症（图 3-2-5）。

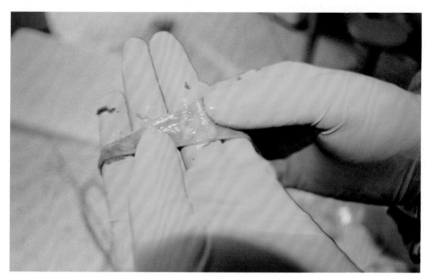

图 3-2-5　虫体引起的肠黏膜损伤（翟少伦供图）

➕ 诊断与治疗

1. 诊断

首先要考虑流行病学因素，如发病时间，是否多为放牧羊，尤其是羔羊、犊牛。牧草上是否有大量的阳性地螨等。结合临床症状，观察患病动物粪便中有无节片或虫卵排出。死后剖检，在小肠内找到大量虫体和相应病变即可确诊。

2. 治疗

（1）阿苯哒唑，牛按体重 5 毫克 / 千克，羊按体重 20 毫克 / 千克，一次口服。

（2）氯硝柳胺（灭绦灵），牛按体重 50 毫克 / 千克，羊按体重 60~75 毫克 / 千克，一次口服。

（3）丙硫苯咪唑，牛按体重 5~10 毫克 / 千克，羊按体重 10~15 毫克 / 千克，一次口服。

➕ 预防与控制

（1）定期驱虫，断奶子畜每月驱虫 1 次，育成畜春秋季各驱虫 2 次。

（2）粪便堆积发酵，减少粪便对草场的污染。

（3）牧舍及周围环境喷雾消毒。

（4）在牧区实行轮牧轮种，避免在雨后、黄昏、清晨等地螨活动高峰时放牧。定期监测草场阳性地螨分布情况。

第三节　前后盘吸虫病

➕ 简介

前后盘吸虫病是牛、羊吞食了含有前后盘吸虫囊蚴的水草而感染的一种寄生虫病。主要表现为顽固性拉稀，粪便呈粥样或水样，腥臭；颌下水肿，严重时整个头部、全身水肿。

➕ 病原

前后盘吸虫的种类很多，虫体的大小、色泽及形态构造因其种类不同而异。寄生于牛羊等反刍动物较常见的是鹿前后盘吸虫。成虫寄生于牛、绵羊、山羊等反刍动物的前胃（主要是瘤胃与网胃交接处），偶尔也见于胆管。成虫体呈圆锥状，背面稍弓起，腹面略凹陷，粉红色，雌雄同体，长 0.5~1.2 厘米，宽 0.2~0.4 厘米。口吸盘位于虫体前端；腹吸盘又称后吸盘，位于后端，比口吸盘大。虫体靠吸盘吸附于胃壁上（图3-3-1）。

图 3-3-1　大量虫体贴于瘤胃胃壁（翟少伦供图）

前后盘吸虫的发育史与肝片吸虫相似。成虫在终末宿主的瘤胃内产卵，卵进入肠道随粪便排出体外。卵在外界适宜的温度（26~30℃）下，发育成为毛蚴，毛蚴孵出后进入水中，遇到中间宿主淡水螺而钻入其体内，发育成为胞蚴、雷蚴、尾蚴。尾蚴具有前后吸盘和 1 对眼点。尾蚴离开螺体后附着在水草上形成囊蚴。牛羊吞食含有囊蚴的水草而受感染。囊蚴到达肠道后，童虫从囊内游出，在小肠、胆管、胆囊和真胃内寄生并移行，经过数十天，最后到达瘤胃，逐渐发育为成虫。

✚ 临床症状

前后盘吸虫的成虫主要吸附在牛羊的瘤胃与网胃接合部，此时临床症状及对动物的危害不甚明显。但在感染初期大量幼虫进入体内，在肠、胃及胆管内寄生、发育并移行，刺激、损伤胃肠黏膜，夺取营养，对动物造成极大危害。本病的发生多集中在夏秋两季，主要症状是顽固性腹泻，粪便呈糊状或水样，常有腥臭，有时体温升高。病牛或病羊逐渐消瘦（图 3-3-2），精神委顿，体弱无力，高度贫血，黏膜苍白，血液稀薄，颌下或全身水肿。病程较长者呈现恶病质状态。病牛白细胞总数稍高，嗜酸性粒细胞比例明显增加，占 10%~30%，中性粒细胞增多，并有核左移现象，淋巴细胞减少。到后期，病牛极度瘦

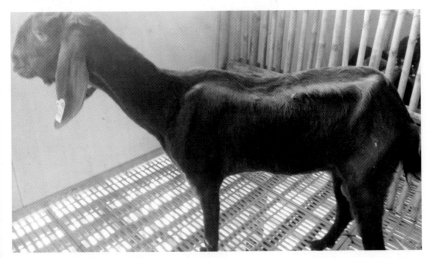

图 3-3-2　患病山羊临床表现（翟少伦供图）

弱，卧地不起，终因衰竭而死亡。

➕ 病理变化

成虫感染的牛羊，多在屠宰或尸体剖检时发现。虫体主要吸附于瘤胃与网胃交接处的黏膜，数量不等，呈深红色、粉红色或乳白色，如将其强行剥离，见附着处黏膜充血、出血或留有溃疡。因感染童虫而衰竭死亡的牛羊，除呈现恶病质变化外，胃、肠道及胆管黏膜有明显的充血、水肿及脱落。

➕ 诊断与治疗

1. 诊断

（1）成虫诊断，可用水洗沉淀法在粪便中检查虫卵。成虫形态与肝片形吸虫很相似，但颜色不同。

（2）童虫，其生前诊断主要结合临床症状和流行病学资料进行推断或用驱虫药物试治，如果症状好转或在粪便中找到相当数量的童虫，即可作出判断。

（3）死后诊断可根据病变及大量童虫或成虫的存在推断判定。

2. 治疗

（1）硫双二氯酚（别丁）为首选药物，常用剂量按体重50毫克/（千克·天），分3次服，隔天服用，15个治疗日为1个疗程。

（2）三氯苯达唑：按体重12毫克/千克，顿服，或第一天5毫克/千克，第二天10毫克/千克，顿服。可能出现继发性胆管炎，可用抗生素治疗。

➕ 预防与控制

1. 明确前后盘吸虫的生活史，消灭中间宿主——淡水螺

消灭中间宿主，切断前后盘吸虫的繁殖生长链，灭螺是预防控制该病的重要措施。填平改造低洼地，以改变螺的生活条件。用硫酸铜

（1：50 000）灭螺。

2. 定期消毒、驱虫

定期对羊群及羊群活动的区域进行驱虫及做消毒处理，可减少寄生虫病的发生。南方天气炎热，雨季长，有利于寄生虫繁殖。因此，对于自由放牧的牛羊场，建议每年进行5~6次驱虫。

3. 走圈养模式

南方草坡草山多，为发展牛羊养殖提供了优良的牧草资源，但相对开放的活动空间，也给牛羊养殖业带来潜在的风险，尤其是寄生虫病的流行暴发。发展牛羊圈养模式，有利于牛羊的饲养管理，减少寄生虫病的发生。在今后，广东省大力发展牛羊业的政策背景下，适度规模圈养将是发展趋势。

第四节 鞭虫病

✛ 简介

鞭虫病又称毛首线虫病，是由鞭虫科鞭虫属的线虫寄生于家畜大肠而引起的一种寄生虫病。本病以消瘦、贫血、腹泻等为主要特征，由于虫体头部深入肠黏膜（图3-4-1），引起大肠卡他性炎症，或肠黏膜出血性坏死、水肿、溃疡，对幼畜造成严重危害，死亡率高。

图 3-4-1　盲肠内充满鞭虫成虫（翟少伦供图）

✛ 病原

成虫活时暗红色，死后灰白色，外形似马鞭（图3-4-2），前端细长，约占虫体长的3/5，后端明显粗大。鞭虫口腔极小，具有2个半月形唇瓣。在两唇瓣间有一尖刀状口矛，活动时可自口腔伸出。咽管细长，前段为肌性，后段为腺性。

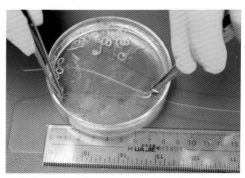

图 3-4-2　山羊鞭虫成虫（翟少伦供图）

咽管外由呈串球状排列的杆细胞组成的杆状体包绕，杆细胞的分泌物可能具有消化宿主组织的酶，具有抗原性。雌虫长 35~90 毫米，尾端钝圆，阴门位于虫体粗大部前方的腹面。雄虫长 30~80 毫米，尾端向腹面呈环状卷曲，有交合刺 1 根，可自鞘内伸出，鞘表面有小刺。两性成虫的生殖系统均为单管型。鞭虫卵呈纺锤形（腰鼓形），大小为（50~54）微米 ×（22~23）微米，黄褐色，卵壳较厚，两端各具 1 个透明的盖塞，内含 1 个卵细胞。虫卵自体内排出时，卵壳内细胞尚未分裂。

➕ 流行病学

鞭虫分布较广，热带与亚热带地区的发病率高，华南地区普遍存在，尤其以幼畜为主，严重感染可影响羔羊和犊牛的生长与发育。

➕ 临床症状

轻、中度感染者可无症状；重度感染者有腹泻、便血、里急后重、直肠脱垂、贫血（图3-4-3、图 3-4-4）与营养不良，甚至大量死亡等症状。

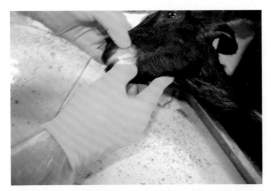

图 3-4-3　口腔黏膜苍白（翟少伦供图）

➕ 病理变化

整个肠腔充满气体和水样液体，剖开肠管，整个肠腔无食糜，见盲肠与结肠内有一团呈网

图 3-4-4　眼部可视黏膜苍白（翟少伦供图）

状已脱落的肠黏膜，且黏膜上有大量虫体（图 3-4-1）；肠壁变薄，有出血性坏死和溃烂。

➕ 诊断与治疗

1. 诊断

粪便中检查到鞭虫卵是诊断的根据。另外，肠道内检查到虫体也可确诊。

2. 治疗

伊维菌素按体重 0.2 毫克/千克，皮下肌注；或左旋咪唑按体重 6~10 毫克/千克，丙硫咪唑按体重 10~15 毫克/千克，甲苯咪唑按体重 10~15 毫克/千克，任选一种药 1 次口服。对整群羊也可任选以上一种药物实行全群驱虫，每天 1 次，连用 3 天。间隔 1 个月后再重复驱虫 1 次，可加强疗效。

➕ 预防与控制

（1）每天清扫圈舍，将粪便堆积发酵，以杀灭病原体。

（2）该病一年四季均可发生，多为夏秋季感染，秋冬季出现临床症状。由于鞭虫卵的卵壳厚，对外界抵抗力强，自然状态下感染性虫卵可在土壤中存活 5 年。但对化学药品的抵抗力弱，虫卵在 20% 石灰水中 1 小时死亡，在 3% 石炭酸溶液中 3 小时死亡，因此可用 20% 石灰水或 3% 石炭酸溶液喷洒圈舍进行消毒。

（3）计划性驱虫，春秋两季各进行一次，药物选用左旋咪唑、丙硫咪唑、伊维菌素，其使用方法及剂量与治疗相同。

第五节　瘤胃臌气

➕ 简介

瘤胃臌气通称气胀。本病是草料停滞，瘤胃内容物发酵产气，使瘤胃内迅速积聚大量气体而致臌胀的一种前胃疾病。本病多发于春夏两季。

➕ 病因

因冬季草缺，牛长期喂饲干草，营养不足，导致脾胃运化机能衰退。春季水草丛生，牛过食易于发酵的青料（如紫云英、青草等），特别是从舍饲转为春季第一次开始放牧或突然饲喂大量肥嫩多汁的青草时，最易发生本病。吃入腐败、变质饲草，冰冻的马铃薯、萝卜、甘薯等块状类饲料，品质不良的青贮料，有毒植物（毒芹、毛莨和其他毒草），以及放牧时过食带霜露雨水的牧草，脾胃一时运化不足，以致大量饲料积于瘤胃，在短时间内迅速发酵，发生臌气，遂成本病。如果吃食大量的新鲜豆科牧草如豌豆藤、苜蓿、花生叶、三叶草等，由于含有丰富的皂角苷、果胶等，则引起泡沫性臌气，治疗比较困难。

➕ 临床症状

本病的主要临床表现为，病牛突然发病，食欲不振，反刍、嗳气停止，腹围逐渐增大或迅速增大，左肷突起（图3-5-1），肚胀如鼓。触诊紧张而有弹性；叩诊呈鼓音；手压不留压痕；听诊瘤胃蠕动初期强，以后转弱，最终完全消失。病牛精神不安，回头顾腹，时起时卧或后肢踢腹，出现惊恐、出汗，但体温一般正常。其他症状有脉搏快，呼吸促迫，眼结膜潮红，眼球突出，口舌发赤。严重时左腹胀满，左肷凸起高于脊背，此时病牛神态痴呆，四肢张开，肛门突出，常作排粪姿势，不时断续排尿，张口呼吸，伸舌流涎，眼结膜发绀，口色赤紫。最后倒地不起，口鼻吐粪，呼吸困难，窒息而死。

慢性的臌气呈进行性或周期性臌气，顽固性病例常在各次食后不久发生短期的轻度或中度臌气，病程可达几周，甚至拖延数月，发生便秘或腹泻，逐渐消瘦、衰弱。

图 3-5-1 牛瘤胃臌气引起的左侧腹围增加

对于慢性臌气的诊断，应排除创伤性网胃炎、迷走神经性消化不良等慢性疾病。

➕ 治疗与预防

病情严重者，宜先行手术放气，然后以行气、化气、通肠导滞药物治疗。

1. 按压左腹放气法

病牛站立保定，头略向上提起，术者用手将牛舌拉出口处，让助手用脚用力反复下压左腹部，至瘤胃内气体排出，腹部膨胀减轻为止，然后内服药物治疗。凡妊娠、产后不久母牛及膀胱炎病牛均忌用本法放气，否则易引起流产或出血。

2. 气针放气法

在病牛左侧三角窝处，消毒后，用放气套管针或16~20号长针头徐徐放气。

3. 开口放气法

给牛带上开口器（图 3-5-2），让尽可能多的气体通过呼吸道排出。

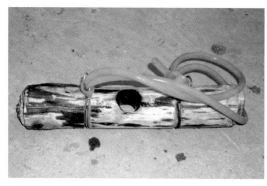

图 3-5-2　自制开口器

另外，要切实做好本病的预防工作，防止跑青，不喂露水草、冰冻料，早春、晚秋出牧前先喂干草，勿突然变换饲料，不冒寒使役，也不给易发酵与产生氢氰酸的饲料。

第六节　产道脱出

➕ 简介

奶牛或母羊产道脱出，是指子宫或全部产道（子宫角、子宫体、子宫颈及阴道）翻出于阴门之外的一种产科疾病。一般发生于奶牛或母羊分娩后 12 小时之内，常随胎儿或胎衣一起排出。该病为奶牛的多发病之一，以年老、经产及体质瘦弱的牛较易发生。若治疗不及时或治疗方法不恰当，可导致奶牛繁殖性能丧失，严重者可引起大出血或继发败血症而死亡。

➕ 易感动物

适龄奶牛、适龄母羊。

➕ 病因分析

1. 母体因素

奶牛年龄较大，生产胎次过多，运动不足，致使体质虚弱，全身张力降低；奶牛分娩时间过长；奶牛子宫角部分胎盘由于发炎而与胎衣粘连，脱出的大部分胎衣垂于阴门外牵拉子宫角而导致子宫脱出。

2. 胎儿因素

由于胎儿体型过大、多胎、畸形胎等使子宫过度扩张，导致子宫收缩迟缓。

3. 人为因素

奶牛产犊时努责过强或助产时拉出胎儿用力过大，抑或产道损伤疼痛引起强烈努责，致使腹压过高；奶牛分娩时胎水排尽，产道干燥，子宫颈紧紧裹在胎儿身上，未注入润滑剂强力拉出胎儿时子宫一起被拉出。

4. 饲养管理因素

饲料单纯、搭配不当或品质较差，怀孕母体管理不当，饲养环境疏于维护。

➕ 临床症状

奶牛精神良好，体温、呼吸正常，卧地不起，阴门外垂着一个较大的袋状物，强行使其站立时，有的垂到跗关节上方（胎衣脱离），有的则一直垂到地面（胎衣尚未脱离）。脱出时间较短，其颜色为鲜红色；脱出时间较长，由于子宫黏膜发生瘀血、水肿，则呈紫红色，且有干裂及血水渗出现象。如果延误治疗或脱出时间较久，脱出部分由于与地面接触沾有粪、土等而污秽不洁，黏膜出现损伤，甚至出血、坏死（图3-6-1）。

图 3-6-1　子宫脱出

➕ 诊断与治疗

1. 诊断

可以根据以上临床症状和怀孕史，即可确诊该病。

2. 治疗

整复和固定脱产的产道为主，配以药物治疗。具体方法如下。

（1）准备。奶牛能站立时，将其就近牵到前低后高的地方，由饲养人员牵住牛头，并用绳子将尾巴引到脖颈处绑好；奶牛不能站立时，则使其侧卧，并将后躯用草垫高，将尾巴用绳子引到脖颈处绑好，由助手托起脱出的子宫，下面铺上一大块干净的塑料薄膜。

（2）麻醉。于后海穴注射 2% 盐酸普鲁卡因注射液 10~20 毫升进行浸润麻醉。

（3）剥离胎衣。术者戴上一次性手套，用手缓缓拨转子叶，发现没有脱离的胎衣轻轻剥下，直至所有子叶上不粘连一丝胎衣。

（4）清洗。对站立的牛，先用温的 0.1% 高锰酸钾溶液彻底清洗脱出的子宫及其周围，再用温的 2%~3% 明矾溶液冲洗子宫 1 次。对侧卧的牛，先用温的 0.1% 高锰酸钾溶液彻底清洗脱出的子宫及其周围，后托起子宫，用温的 0.1% 高锰酸钾溶液将铺在下面的塑料薄膜冲洗干净，同时再用温的 2%~3% 明矾溶液冲洗子宫 1 次，以促使子宫黏膜收缩。

（5）查验。术者戴上一次性手套，用手缓缓拨转子宫，仔细检查有无损伤、穿孔和出血。损伤不严重时，可涂抹 5% 碘酊；损伤程度较大或子宫穿孔时，应用肠线进行缝合，后涂抹 5% 碘酊；出血严重时，应先用肠线进行缝合或结扎，后涂抹 5% 碘酊，同时肌内注射安特诺新注射液（安络血）20~40 毫升。

（6）整复。将清洗干净并经查验后的子宫摆正放在较大的消毒瓷盘或消毒巾上，由两名助手从两侧托起至阴门水平线。术者剪秃指甲、手臂消毒后，用两只拳头由两侧子宫角顶端慢慢用力往阴门里推送，临近阴门时，右拳顶着一侧子宫角继续慢慢用力经阴门往盆腔内推送，左拳则顶着另一侧子宫角紧随着子宫向阴门移动。当左拳移至阴门时，缓缓抽出右拳，左拳继续顶着另一侧子宫角慢慢用力经阴门往盆腔内推送。脱出的子宫全部推送入盆腔后，术者将手臂伸入子宫内，用手轻轻晃动子宫使其恢复正常位置。为防止奶牛继续努责引起子宫复脱，术者手臂应在子宫内停留 10~20 分钟。

（7）投药。为防止感染，可在奶牛停止努责后将 5~10 克土霉素粉溶于 500 毫升生理盐水中再灌入子宫。

（8）缝合阴门。为防止奶牛努责或卧地后腹压增大而引起子宫复脱，宜对阴门进行缝合。常采用结节缝合法，缝合 3~5 针，上部密缝，下部稀疏，以不妨碍排尿为原则。缝合后用 5% 碘酊涂抹阴门及周围部位。如无异常，3~4 天即可拆线。

（9）全身用药。为加快奶牛恢复，确保产奶不受大的影响，应给予消炎、补液、补钙、活血化瘀、止疼等对症治疗。

①青霉素 400 万单位、链霉素 500 万单位、复方氨林巴比妥注射液（安痛定）50 毫升，一次性肌内注射，每天 2 次，连续 3 天。

② 10% 葡萄糖注射液 500 毫升、5% 葡萄糖生理盐水 1 000 毫升、10% 葡萄糖酸钙 500 毫升、10% 维生素 C 注射液 50 毫升、10% 安钠咖 20 毫升，一次性静脉注射，每天 1 次，连续 3 天。

③益母生化散 500 克，开水浸泡后灌服，每天 1 次，连续 5 天。

（10）护理措施。进行单圈饲养，保持圈舍及环境清洁卫生，以饲喂少量优质易消化的饲料为宜，冬季饮水要掺温。安排专人进行看护，发现奶牛要努责时宜用手指掐按腰脊，如持续努责应及时报告兽医人员。注意观察奶牛饮食状况及体温变化，认真查看子宫恶露排出情况，发现异常应及时采取相应的措施。

➕ 预防与控制

（1）合理调配奶牛日粮，确保钙、磷、维生素等满足正常的生理代谢需求，防止营养不良。

（2）保证妊娠奶牛每天运动 2 个小时左右，以不断增强奶牛体质，促使全身张力增强。

（3）奶牛分娩时及分娩后，应予单圈饲养，且有专人看护，以便及时发现病情，及早处理。

（4）助产牵拉胎儿时，不应用力过猛、过快；产道干燥时，应灌入润滑剂后再助产牵拉。

附　　录

附录1　牛羊常见病初诊特征和确诊方法

序号	病　名	初诊特征	确　诊
1	口蹄疫	流口水、口腔溃疡、跛行等	RT-PCR
2	小反刍兽疫	发热、口腔溃疡、流脓性鼻涕、肺炎、腹泻等	RT-PCR
3	蓝舌病	发热、口腔溃疡、黏膜出血、舌头发蓝等	RT-PCR
4	羊痘	发热、全身有痘斑等	PCR
5	羊口疮	发热、嘴角生疮等	PCR
6	牛病毒性腹泻—黏膜病	口腔溃疡、流口水、腹泻等	RT-PCR
7	牛流行热	突然高热、呼吸促迫、流泪、卡他性肠炎等	RT-PCR
8	山羊传染性鼻内肿瘤	流鼻涕、鼻内有息肉、呼吸困难等	RT-PCR
9	羊传染性胸膜肺炎	流鼻涕、呼吸困难、胸膜炎等	细菌分离或PCR
10	牛结核病	消瘦、呼吸困难、肺部有结节等	PCR
11	布氏杆菌病	流产、睾丸肿大等	PCR
12	羊梭菌病	腹泻、急性死亡、肠道出血、肾脏液化等	细菌分离或PCR
13	炭疽病	天然孔出血、血凝不良等	细菌分离或PCR
14	放线菌病	下颌肿胀出现脓包等	细菌分离或PCR
15	巴氏杆菌病	败血症、出血性炎症、胸膜炎、腹膜炎等	细菌分离或PCR
16	链球菌病	颌下淋巴结肿胀、呼吸困难、大叶性肺炎等	细菌分离或PCR
17	片形吸虫病	消瘦、贫血、大批死亡等	肝胆内解剖发现虫体
18	绦虫病	消瘦、腹泻、大批死亡等	小肠内解剖发现虫体
19	前后盘吸虫病	消瘦、贫血、大批死亡等	瘤胃内解剖发现虫体
20	鞭虫病	消瘦、腹泻等	盲肠内解剖发现虫体
21	瘤胃臌气	左侧腹部凸起、腹压增高等	触诊
22	产道脱出	子宫、阴道脱出	眼观

附录2 牛羊常用药物

序号	药物作用	药　　名
1	退烧药	小柴胡注射液、安乃近注射液、清开灵注射液等
2	消炎药	恩诺沙星注射液、氟苯尼考注射液、头孢噻呋钠、青霉素、链霉素、磺胺间甲氧嘧啶等
3	驱线虫药	伊维菌素、阿苯达唑、甲苯咪唑、枸橼酸哌嗪、左旋咪唑等
4	驱绦虫药	氯硝柳胺、槟榔、南瓜子、硫双二氯酚等
5	驱吸虫药	吡喹酮、阿苯达唑等
6	驱体表寄生虫药	敌百虫、阿维菌素等
7	消毒药	烧碱、生石灰、福尔马林、高锰酸钾、碘盐制剂等
8	局部消炎药	碘酊、75%酒精、紫药水等
9	提高体抗力药	黄芪多糖等
10	健胃消食药	复方B族维生素、山楂片等
11	补血药	右旋糖酐铁
12	有机磷中毒解药	解磷定+阿托品
13	亚硝酸盐中毒解药	2%美蓝液或5%甲苯胺蓝
14	氢氰酸中毒解药	1%亚硝酸钠液+10%硫代硫酸钠液
15	瘤胃酸中毒解药	碳酸氢钠+维生素C
16	强心急救药	强心苷
17	利尿药	速尿（呋喃苯胺酸）
18	脱水药	甘露醇
19	镇静药	盐酸氯丙嗪、苯巴比妥
20	局麻药	利多卡因、普鲁卡因等
21	全麻药	速眠新（846合剂）

附录3 牛羊常见病临床症状和典型病理变化图集

口蹄疫引起的牛口腔流涎

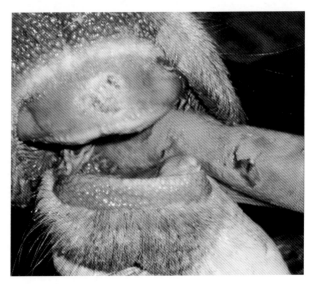

口蹄疫引起的牛口腔黏膜及舌面溃疡

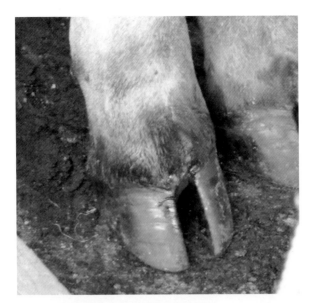

口蹄疫引起的牛蹄叉间软组织破溃出血

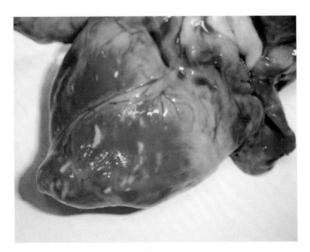

口蹄疫引起的"虎斑心"病变

小反刍兽疫引起的病羊口舌黏膜糜烂

小反刍兽疫引起的病羊鼻腔流出黏脓性鼻液

小反刍兽疫引起的病羊眼睛结膜炎　　　　小反刍兽疫引起的病羊腹泻

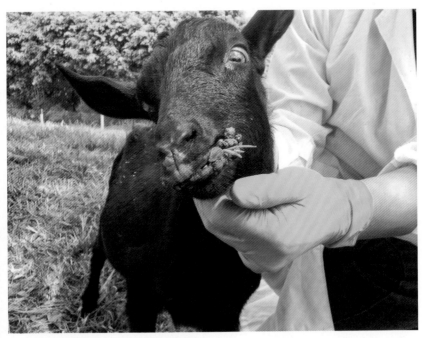

羊口疮引起的羊嘴部出现桑葚状痂垢

羊口疮引起的羊嘴部结痂

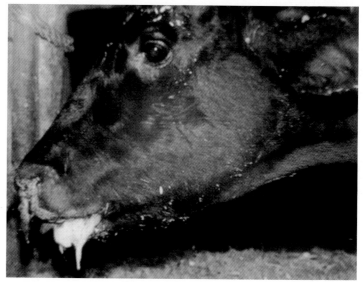

牛流行热引起的牛口腔流出黏性液

羊鼻内肿瘤病毒引起的羊鼻漏

羊鼻内肿瘤病毒引起的羊鼻内肿瘤物增生

放线菌引起的山羊头颈部脓肿

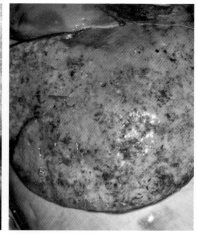

肝片形吸虫引起的肝脏破裂

肝片形吸虫在肝组织中

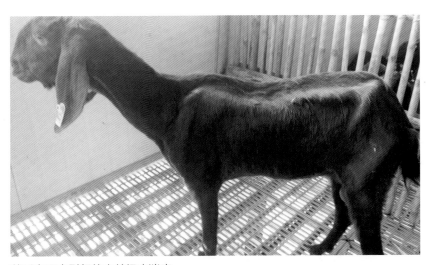

前后盘吸虫引起的山羊极度消瘦

前后盘吸虫在病死山羊瘤胃中

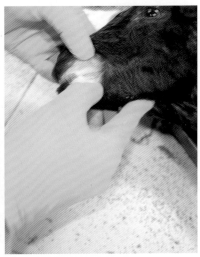

鞭虫病引起的山羊口腔黏膜苍白

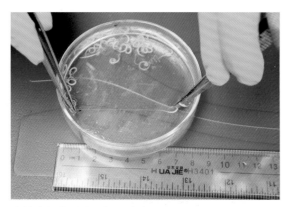

山羊盲肠中分离的鞭虫成虫

牛瘤胃臌气引起的左侧腹围增加